高职高专"工学结合"特色教材

主编 施冬梅 欧阳华 副主编 沈润泉 陆 杨

JAVASCRIPT

工作任务式教程

江苏大学出版社

JIANGSU UNIVERSITY PRESS

镇 江

图书在版编目(CIP)数据

JAVASCRIPT 工作任务式教程/施冬梅,欧阳华主编
. 一镇江：江苏大学出版社,2014.9(2025.1 重印)
 ISBN 978-7-81130-828-0

Ⅰ. ①J… Ⅱ. ①施… ②欧… Ⅲ. ①JAVA 语言－程序
设计－高等职业教育－教材 Ⅳ. ①TP312

中国版本图书馆 CIP 数据核字(2014)第 206481 号

JAVASCRIPT 工作任务式教程

JAVASCRIPT GONGZUO RENWUSHI JIAOCHENG

主　　编/施冬梅　欧阳华
责任编辑/徐　婷
出版发行/江苏大学出版社
地　　址/江苏省镇江市京口区学府路 301 号(邮编：212013)
电　　话/0511-84446464(传真)
网　　址/ http：//press.ujs.edu.cn
排　　版/镇江文苑制版印刷有限责任公司
印　　刷/广东虎彩云印刷有限公司
开　　本/718 mm×1 000 mm　1/16
印　　张/12.5
字　　数/218 千字
版　　次/2014 年 9 月第 1 版
印　　次/2025 年 1 月第 4 次印刷
书　　号/ISBN 978-7-81130-828-0
定　　价/29.00 元

如有印装质量问题请与本社营销部联系(电话：0511-84440882)

前　　言

　　本教程是针对高职高专院校课程改革的需要编写的,"工学结合"是本教程的宗旨。在考虑学生能力需求的基础上,本教程打破了以知识点为线索的传统学习方法,把所有的知识点嵌入到工作任务中去,工作任务中用到什么知识点,就讲解什么知识点。工作任务由小到大,由易到难,逐渐推进。只要完成本教程的所有工作任务,就具备成为网站和 Web 应用程序客户端的初级开发人员的基本技能。

　　本教程共分为 9 个工作任务,前 2 个工作任务是前导内容,主要通过JavaScript 脚本功能展示了解 JavaScript 的代码结构和工作环境。后 7 个典型的工作任务的完成过程中,以"讲清语法,学以致用"为指导思想,将工作任务中用到的主要原理以实例的形式讲解,代码部分关键地方都做了注释,便于读者领会掌握。每个工作任务后都有一个配套的实训任务用以拓展训练。本教程可以作为高等院校、高职高专院校计算机类专业的教材和职业培训教材,也可作为初学者的自学用书。

　　本教程读者对象:

　　(1) 熟悉 HTML 语言、CSS 样式的读者。

　　(2) 有意提升网站和 Web 应用程序交互功能的读者。

　　此外,本教程也适合熟悉下列相关技术的读者:Java,PHP,JSP,ASP,. NET,CSS,XML。

　　由于编者水平有限,时间仓促,书中可能存在不妥之处,敬请批评指正。

　　如有问题请发邮件到 sdm1976@126. com 或 oyh517@ sohu. com。

编　者

目　　录

工作任务一

JavaScript 脚本语言功能展示

知识点

　　JavaScript 代码结构。

子任务

　　1. JavaScript 脚本功能展示。

　　2. 掌握 JavaScript 代码运行过程。

　　3. 实训任务。

1.1　JavaScript 脚本功能展示

　　JavaScript 脚本语言可以实现动态网页。所谓的"动态"不仅仅表现在网页的视觉展示方式上,更重要的是,它可以对网页中的内容进行控制与改变。

　　网页到达客户端后,由浏览器显示输出。此时,在不重新向服务器发出请求的情况下,要改变当前的网页显示(如改变字体大小、颜色、网页的背景色等),就要通过 JavaScript 脚本语言、HTML 和 DHTML 的组合来实现。

　　首先去网站 http://210.29.95.13/sck. htm 中下载教材的素材库,相应工作任务中的素材以对应文件夹形式分类存放。

　　以下功能展示,只是给读者一个感性认识,用于了解 JavaScript 脚本语言的功能,不需要深究脚本是怎样编写的,按照提示运行即可。

1.1.1 改变网页字体大小

在浏览器中打开文件"改变网页字体大小.htm",网页如图1.1.1所示。

图 1.1.1 打开"改变网页字体大小.htm"

单击网页中的【改变网页字体大小】按钮,则网页如图1.1.2所示。

图 1.1.2 改变网页字体大小

1.1.2　改变网页背景色

在浏览器中打开文件"改变网页背景色.htm"，网页如图 1.1.3 所示。

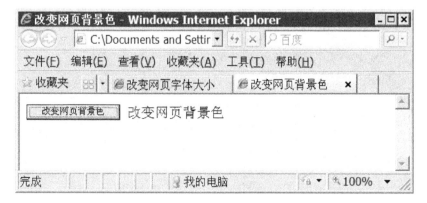

图 1.1.3　打开"改变网页背景色.htm"

单击网页中的【改变网页背景色】按钮，则网页如图 1.1.4 所示。

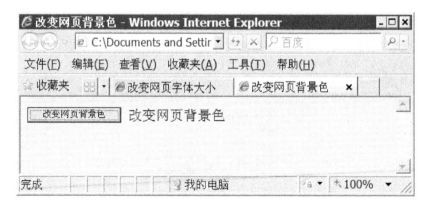

图 1.1.4　改变网页背景色

1.1.3 网站登录页面

在浏览器中打开文件"网站登录页面.htm",网页如图1.1.5所示。

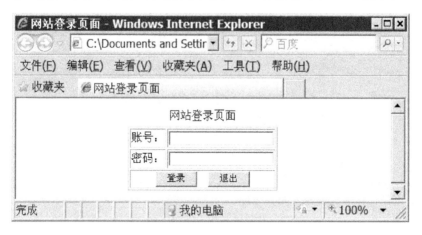

图1.1.5 网站登录页面

在不输入账号的情况下,单击【登录】按钮,则会跳出如图1.1.6所示的对话框。

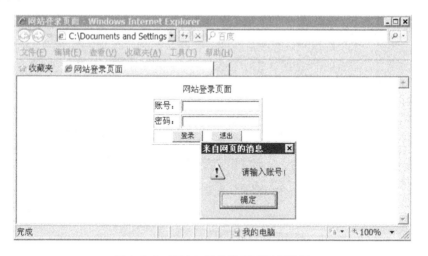

图1.1.6 不输入账号情况下显示结果

上例是一个典型的网站登录页面,在用户数据提交给服务器前,必须对用户输入的数据进行校对,错误的地方以对话框的方式告诉用户,并提示用户应该怎么做。

1.1.4　五金电器商店页面

在浏览器中打开文件"五金电器商店.htm",网页如图 1.1.7 所示。

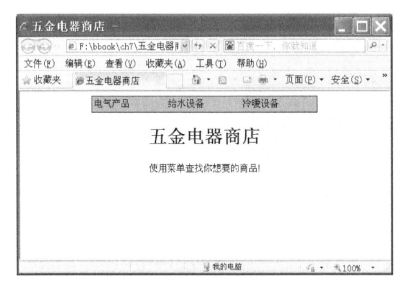

图 1.1.7　五金电器商店网页

把光标放置在【冷暖设备】菜单上,页面如图 1.1.8 所示。

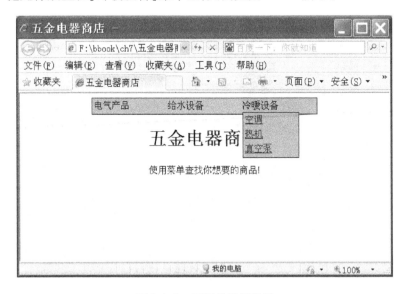

图 1.1.8　子菜单显示结果

1.1.5 综合应用主页

在浏览器中打开文件"综合应用主页.htm",页面如图1.1.9所示。

图1.1.9 综合应用主页

单击标题栏中的【国内】,页面如图1.1.10所示。

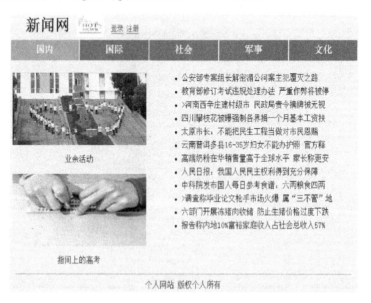

图1.1.10 点击【国内】页面显示结果

单击【注册】,弹出如图 1.1.11 所示的注册页面。

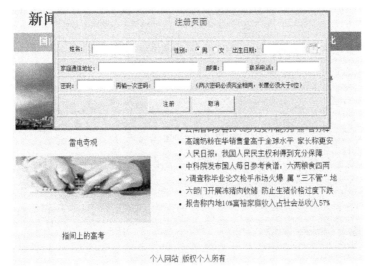

图 1.1.11　注册页面

 1.2　掌握 JavaScript 代码运行过程

先用记事本新建一个文件,并输入以下内容(见图 1.2.1):

```html
<html>
<head>
<title>用 JavaScript 脚本输出内容"跟我学 JavaScript 脚本语言。"
</title>
</head>
<body>
<script language="javascript">
    document.write("跟我学 JavaScript 脚本语言。");
</script>
</body>
</html>
```

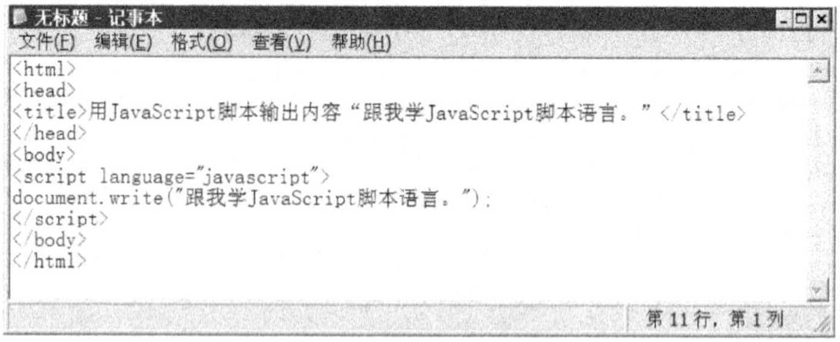

图 1.2.1 用记事本编写代码

单击菜单栏中的【文件】→【保存】,如图 1.2.2 所示。

图 1.2.2 文件保存

选择好保存路径后,保存类型选择"所有文件",在文件名输入框中输入"输出.htm",最后单击【保存】按钮,如图 1.2.3 所示。

图 1.2.3 保存对话框

退出记事本，直接双击"输出. htm"文件，浏览器显示如图 1.2.4 所示。

图 1.2.4　浏览器显示结果

鼠标单击提示部分，如图 1.2.5 所示。

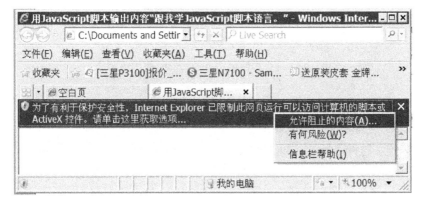

图 1.2.5　鼠标单击提示部分显示结果

单击【允许阻止的内容】，显示如图 1.2.6 所示的警示框。

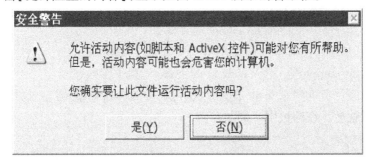

图 1.2.6　安全警告

选择【是(Y)】,浏览器如图 1.2.7 所示。

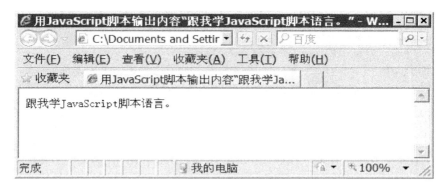

图 1.2.7　页面显示结果

```
< script language ="javascript" >
    document.write("跟我学 JavaScript 脚本语言。");
< /script >
```

以上 3 行代码就是嵌在 HTML 文档中的脚本。

< script language ="javascript" >是脚本的开始标记,< /script >是脚本的结束标记。这两个标记之间是用来编写 JavaScript 脚本程序的。每行语句用";"表示结束。

document. write ("跟我学 JavaScript 脚本语言。")语句中的 document. write( )是文档对象的输出函数,其功能是将括号中的字符或变量值输出到窗口,任务就是向屏幕输出内容,要输出的内容必须放在英文的双引号内。

JavaScript 代码结构:

一、在 HTML 中插入 JavaScript 的方法

1. 在 HTML 代码中直接嵌入

(1) JavaScript 嵌入在 < body > < / body >之间

当浏览器载入网页 body 部分时,执行其中的 JavaScript 语句,执行之后输出的内容就显示在网页中。例如:

```
<html >
<head > < /head >
<body >
```

```
<script language ="javascript" type ="text/javascript">
…
</script>
</body>
</html>
```

（2）JavaScript 嵌入在 < head > </ head >之间

有时候并不需要一载入 HTML 就运行 JavaScript，而是在用户点击了 HTML中的某个对象，触发了一个事件时，才需要调用 JavaScript。这时通常将这样的 JavaScript 放在 HTML 的 < head > </ head >之间。例如：

```
<html >
<head >
<script language ="javascript" type ="text/javascript">
…
</script >
</head >
<body >
</body >
</html >
```

二、在 HTML 代码中调用外部文件

假使某个 JavaScript 的程序被多个 HTML 网页使用，最好的方法是将这个 JavaScript 程序放到一个后缀名为.js 的文本文件里。

这样做可以提高 JavaScript 的复用性，减少代码维护的负担，不必将相同的 JavaScript 代码复制到多个 HTML 网页里，将来一旦程序有所修改，也只需要修改.js 文件即可，不用再修改每个用到这个 JavaScript 程序的 HTML 文件。

在 HTML 里引用外部文件里的 JavaScript，应在 head 里写一句 < script src ="文件名" > </script >，其中 src 的值就是 JavaScript 所在文件的文件名（如果与被调用的 HTML 文档不在同一目录下，则需加上路径）。

< script > 标记还可以通过 language ="javascript"语句来指定所要使用的 JavaScript 的版本，"="号右边的值可以是"javascript""javascript1.1"或者"javascript1.2"，大部分的浏览器都会自动识别它所支持的 JavaScript 的版本。

1.3   实训任务

在记事本中打开文件"输出.htm",在代码 document.write("跟我学 JavaScript 脚本语言。");下面增加以下 2 行语句:

```
document.write("<p>输出一个分段符");
document.write("<p>又输出了一行");
```

保存后,双击文件"输出.htm"在浏览器中打开,如图 1.3.1 所示。

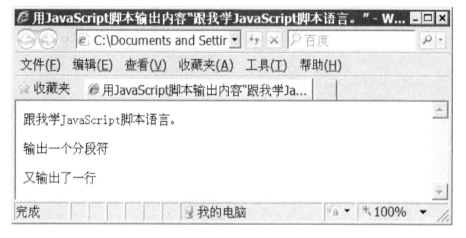

图 1.3.1   运行结果

工作任务二

工作环境的配置

知识点
1. 记事本和 Dreamweaver 软件的优缺点。
2. 如何配置 Dreamweaver CS3 软件。

子任务
1. 配置 Dreamweaver CS3。
2. 创建一个带 JavaScript 脚本的静态网页。
3. 掌握 Dreamweaver 软件的基本使用。
4. 实训任务。

 ## 2.1　配置 Dreamweaver CS3

　　Dreamweaver CS3 提供了一个集成开发环境，HTML 代码写好后，可以实现"所见即所得"，并且有很多智能工具可以利用，很多代码无须逐个输入，省时省力，出错率较低，编辑网页效率极高，调试也很方便。而用记事本开发网页时，全部内容都得逐个输入，费时费力，输入出错率较高，调试也不方便。有时，如果手边没有网页编辑软件，记事本因为是操作系统自带的，随时可用，不失为一个很好的救急工具。

打开 Dreamweaver CS3 应用软件,如图 2.1.1 所示。

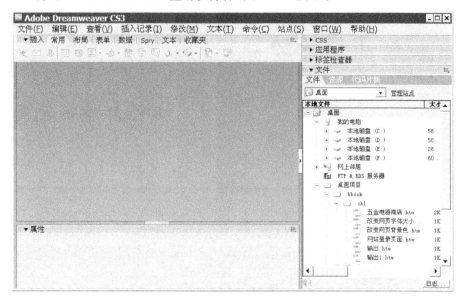

图 2.1.1　Dreamweaver CS3 界面

单击菜单【编辑】→【首选参数】,如图 2.1.2 所示。

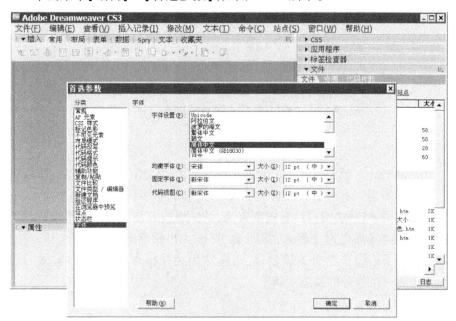

图 2.1.2　首选参数对话框

在分类中选择【新建文档】,如图 2.1.3 所示。将默认扩展名改为
".htm",默认文档类型选为"无",默认编码选为"简体中文(GB2312)",最后
单击【确定】按钮。

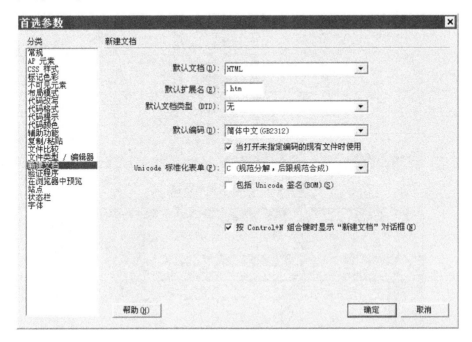

图 2.1.3 首选参数设置

 ## 2.2 创建一个带 JavaScript 脚本的静态网页

在 Dreamweaver CS3 应用软件中,单击菜单【文件】→【新建】,如图 2.2.1
所示。选择页面类型为"HTML",单击【创建】按钮,如图 2.2.2 所示。

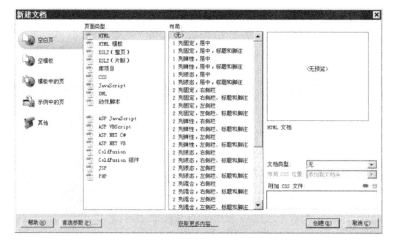

图 2.2.1 新建文档对话框

图 2.2.2 创建一个新的 HTML 文档

将第 4 行中的"无标题文档"替换为"用 JavaScript 脚本输出内容"跟我学 JavaScript 脚本语言。""

在 < body > 与 </ body > 之间插入以下代码(见图 2.2.3):

```
< script language ="javascript" >
    document.write("跟我学 JavaScript 脚本语言。");
< /script >
```

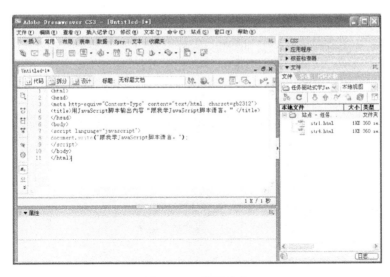

图 2.2.3 编写代码

在图 2.2.3 中单击菜单【文件】→【保存】,如图 2.2.4 所示。

图 2.2.4 文件保存

选择要保存的路径,在文件名输入框中输入"输出 a",再单击【保存】按钮,就可生成文件"输出 a.htm"。

单击菜单【文件】→【在浏览器中预览】→【IExplore】,页面如图 2.2.5 所示。

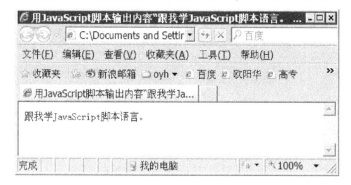

图 2.2.5 页面显示结果

2.3 掌握 Dreamweaver 软件基本使用

为便于网站文件的管理,可配置一个静态网页站点,操作步骤如下:

单击菜单【站点】→【新建站点】,如图 2.3.1 所示。站点的名字取为"任务驱动式学 Javascript",站点的 HTTP 地址,如果本地有就填上,没有就不填,单击【下一步】按钮,如图 2.3.2 所示。

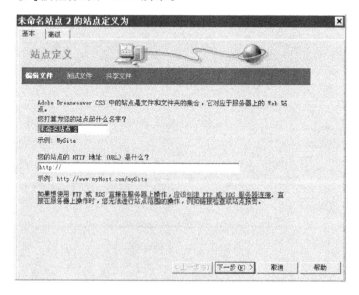

图 2.3.1 新建站点

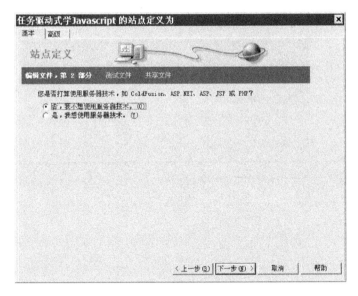

图 2.3.2 不使用服务器技术

在图2.3.2中直接单击【下一步】按钮,如图2.3.3所示。选择文件存储位置,单击【下一步】按钮,如图2.3.4所示。

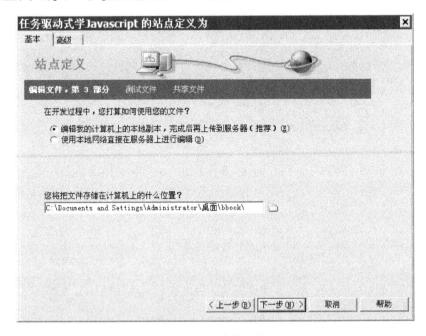

图 2.3.3 存储位置

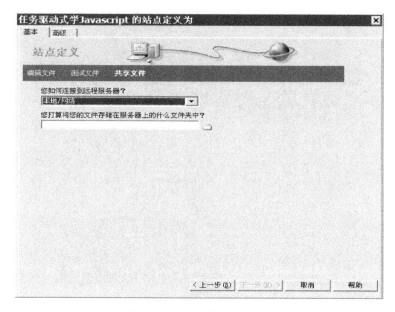

图 2.3.4 服务器上的文件夹

图 2.3.4 中的服务器文件夹就是本地要存的文件夹,选好后单击【下一步】按钮,如图 2.3.5 所示。

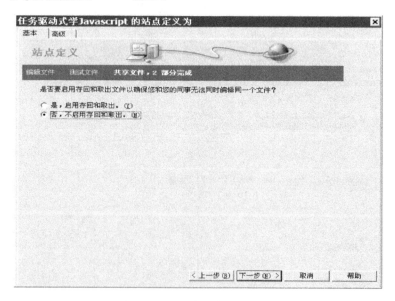

图 2.3.5 不启用存回和取出

在图2.3.5中直接单击【下一步】按钮,如图2.3.6所示。

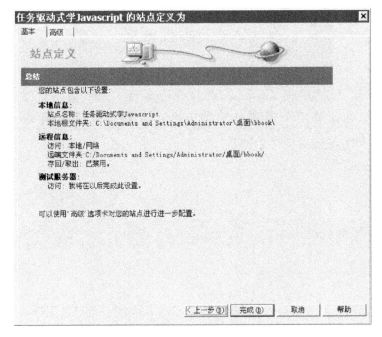

图 2.3.6 站点设置总结信息

在图2.3.6中直接单击【完成】按钮,如图2.3.7所示。

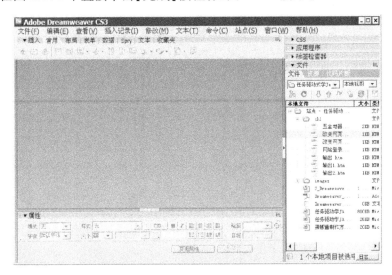

图 2.3.7 站点设置完成界面

2.4 实训任务

设网站目录为"D:\myweb",打开 Dreamweaver CS3 应用软件,配置好工作环境,在此环境下创建一个带 JavaScript 脚本的静态网页,保存为"作业 1. htm"。

工作任务三

设计一个计算机自动出题的加法器

知识点

1. 基本数据类型:

(1) 数值型;(2) 字符串型;(3) 布尔型;(4) 空值。

2. 运算符:

(1) 算术运算符;(2) 逻辑运算符;(3) 比较运算符。

3. 程序结构:

(1) if 条件语句;(2) for 循环语句;(3) while 循环语句。

4. 函数:

(1) 自定义函数;

(2) Math. random( ) 函数;

(3) parseInt( ) 函数;

(4) parseFlat( ) 函数;

(5) focus( ) 函数。

子任务

1. 设计一个两个数的加法器。

2. 功能完善的两个数的加法器。

3. 两个数的自动出题加法器。

4. 实训任务。

3.1 设计一个两个数的加法器

3.1.1 工作任务

某网络公司签订了一项业务,要求制作一个适用于小学一年级数学教学的网页版的两个数的加法器。教师可以任意输入两个加数,单击【开始计算】按钮后可以显示出加法运算的结果,如图 3.1.1 所示。

图 3.1.1 两个数的加法器

3.1.2 主要理论

一、基本数据类型

在 JavaScript 中有四种基本的数据类型:数值(整数和实数)、字符串型(用单引号或双引号括起来的字符或数值)、布尔型(用 true 或 false 表示)和空值。

JavaScript 基本类型中的数据可以是常量,也可以是变量。由于 JavaScript 采用弱类型的形式,因而一个数据的变量或常量不必首先作声明,而是在使用或赋值时确定其数据的类型。当然也可以先声明该数据的类型,然后再赋值。

1. 常量

（1）整型常量

JavaScript 的常量通常又称为字面常量，它是不能改变的数据。其整型常量可以使用十六进制、八进制和十进制表示其值。

（2）实型常量

实型常量由整数部分加小数部分表示，如 12.32,193.98；也可以使用科学或标准方法表示，如 5E7,4e5 等。

（3）布尔型常量

布尔常量只有两种状态：true 或 false。它主要用来说明或代表一种状态或标志，以说明操作流程。它与 C++是不一样的，C++可以用 1 或 0 表示其状态，而 JavaScript 只能用 true 或 false 表示其状态。

（4）字符型常量

字符型常量是使用单引号(′)或双引号(″)括起来的一个或几个字符，如 ″This is a book of JavaScript″,″3245″,″ewrt234234″等。

以反斜杠（"\"）开头的不可显示的特殊字符通常称为控制字符，也被称为转义字符。通过转义字符可以在字符串中添加不可显示的特殊字符，或者防止引号匹配混乱。JavaScript 常用的转义字符如表 3.1.1 所示。

表 3.1.1　常用转义字符

转义字符	描　　述	转义字符	描　　述
\b	退　格	\t	Tab 符
\f	换　页	\'	单引号
\n	换　行	\"	双引号
\r	回车符	\\	反斜杠

注意：JavaScript 中有一个空值 null，表示什么也没有。如试图引用没有定义的变量，则返回一个 null 值。

2. 变量

变量的主要作用是存取数据、提供存放信息的容器。对于变量必须明确变量的命名、变量的声明及其变量的作用域。

（1）变量的命名

JavaScript 中的变量命名同其他计算机语言非常相似，变量的命名必须符合以下的变量命名规则：

① 只能由字母、数字、下划线组成,并且第一个字符必须是字母或下划线。

正确变量名: hour, minite, second。

错误变量名: #our, 9abc。

② JavaScript 语言对字母的大小写很敏感,大写字母和小写字母所代表的意义不同。

③ 不能使用关键字作为变量名。常用的关键字如下: for, short, void, do, function, while, asm, double, goto, static, auto, else, if, struct, sizeof, break, entry, int, switch, case, enum, long, typeof, char, extern, register, union, continue, float, return, unsigned, default 等。

在对变量命名时,最好把变量的意义与其代表的意思对应起来,以免出现错误。

(2) 变量的声明

在 JavaScript 程序中,使用变量前必须先进行变量的声明和定义。对变量声明的最大好处就是能及时发现代码中的错误,因为 JavaScript 是采用动态编译的,而动态编译是不易发现代码中的错误的,特别是变量命名。

声明变量使用关键字 var。例如:

```
var a;
```

当然,使用一个关键字 var 可以同时声明多个变量。例如:

```
var a, b;
```

同时,变量也可以在定义时进行初始化赋值。例如:

```
var a = "This is a book";
var b = 10;
```

(3) 变量的作用域

变量的作用域非常重要,在 JavaScript 中有全局变量和局部变量两类。全局变量定义在所有函数体之外,其作用范围是整个网页中函数;而局部变量定义在函数体之内,只对该函数可见,而对其他函数不可见。

二、表达式和运算符

1. 表达式

在定义完变量后,就可以对它们进行赋值、计算等一系列操作,这一过程通常由表达式完成,可以说它是变量、常量、布尔以及运算符的集合,因此表达式可以分为算术表述式、字符串表达式、赋值表达式以及布尔表达式等。

2. 运算符

运算符是完成指定操作的一系列符号,在 JavaScript 中有算术运算符、逻辑运算符和比较运算符等。

(1) 算术运算符

JavaScript 语言中的算术运算包括"+""−""＊""/"和其他一些数学运算。具体算术运算符见表 3.1.2 所示。

表 3.1.2　算术运算符

算术运算符	说　　明	算术运算符	说　　明
+	加	%	求余
−	减	++	自加
＊	乘	−−	自减
/	除		

(2) 逻辑运算符

JavaScript 语言中的逻辑运算包括"&&""‖""!"。逻辑运算符主要用于计算两个布尔型表达式的值,判断是真还是假,返回一个布尔型的值。具体逻辑运算符如表 3.1.3 所示。

表 3.1.3　逻辑运算符

逻辑运算符	说　　明
&&	逻辑与,只有相与的两个值都为真时,返回的结果才为真;否则为假
‖	逻辑或,只要相或的两个值有一个为真时,返回的结果就为真
!	逻辑非,如!A,若 A 为真,则结果为假;若 A 为假,则结果为真

(3) 比较运算符

JavaScript 语言中的比较运算符包括"＞""＜""＝＝""！＝"和其他一些比较运算符。比较运算符可以比较两个表达式的值,并返回一个布尔型的值。具体比较运算符如表 3.1.4 所示。

表 3.1.4　比较运算符

比较运算符	说　　明	比较运算符	说　　明
＞	大于	＞=	大于等于
＜	小于	＜=	小于等于
==	等于	！=	不等于

三、函数

函数为程序设计人员提供了非常大的便利。通常在进行一个复杂的程序设计时,总是根据所要完成的功能,将程序划分为一些相对独立的部分,每部分编写一个函数,从而使各部分充分独立,任务单一,程序清晰、易懂、易读、易维护。JavaScript 函数可以封装那些在程序中可能要多次用到的模块,并可作为事件驱动的结果而调用的程序,从而把实现一个函数与事件驱动相关联,这是与其他语言不一样的地方。

JavaScript 函数定义:

```
function 函数名(参数列表){
程序代码;
return 表达式; ∥返回表达式的运行结果
}
```

说明:参数列表在函数名后面的一对小括号中进行定义,各参数之间以逗号","隔开。函数中的程序代码必须位于一对大括号之间,如果主程序要求函数返回一个结果值,就必须使用 return 语句返回表达式的运算结果。如果在函数程序代码中省略了 return 语句的表达式,或者函数结束时根本没有 return 语句,这个函数就返回一个为 undefined 的值。

有时,函数并不需要接受任何参数,则定义一个函数的格式如下:

```
function 函数名(){
程序代码;
return 表达式;
}
```

当函数不接受参数时,定义函数也不能省略函数名后面的小括号,小括号中的内容允许为空。

3.1.3 工作步骤

打开 Dreamweaver CS3 应用程序,新建一个静态网页,保存为"加法器 a. htm"。在标记 < body > 与 </ body > 之间插入下列代码:

```
<div align = center >
<form name ="frm" >
两个数的加法器 <p >
<input type ="text" name ="s1" size =4 >+
<input type ="text" name ="s2" size =4 >=
<input type ="text" name ="s" size =4 readonly >
```

```
< input type ="button" value ="开始计算" onclick ="js()">
</form>
</div>
< script language ="javascript">
function js() {
    document.frm.s.value =
    parseFloat(document.frm.s1.value) + parseFloat
      (document.frm.s2.value);
}
</script>
```

在浏览器中打开"加法器 a. htm"即可。

代码详解

　　< form name ="frm"> … </ form >产生一个表单对象,用来放入 DHTML
的内部控件。form 是表单标记,name 是表单标记的属性,供引用对象时所用,其
值由用户自己定义。表单对象是容器类对象,其中可以放很多对象,随后再作
介绍。

　　DHTML(Dynamic Hyper Text Markup Language)是 HTML 的增强版,通过扩
充 IE 对象并结合 JavaScript 而组成。与 HTML 的区别是,DHTML 的每个标记都
作为对象处理。DHTML 的内部控件是其预制的对象,由客户端浏览器直接提
供,无须从服务器上下载,可以使用 < input >, < select >, < textarea >等标记在
网页中添加 DHTML 的内部控件。其中, < select >标记和 < textarea >标记分
别添加列表框和多行文本区控件,而 < input >标记则可以在网页中添加多种
DHTML 控件。

　　< input type ="text" name ="s1" size =4 >产生一个文本框,用来供用户输
入数据。< input >是 DHTML 输入标记;type 是输入标记的属性,它有几个规
定的值,取 text 值时,就产生了一个文本框控件;name 是控件的名称,供引用
控件时所用,其值由用户自己定义;size 是控件的属性,其值是显示文件框在
屏幕上的宽度,由用户定义。

　　< input type ="button" value ="开始计算" onclick ="js()">产生一个命令
按钮,供用户点击。< input >是 DHTML 输入标记;type 是插入控件的类型,
取 button 值时,就生成一个普通按钮控件;value 是控件的属性,其值由用户自

己定义,是决定按钮上显示的内容;onclick = "js( )"是给按钮增加一个单击事件,单击该按钮就调用一个自定义函数 js( ),这个函数要在 JavaScript 代码段中进行定义。

function js( ) ┆…┆就是自定义函数,js 是用户定义的函数名。

document. frm. s. value = parseFloat (document. frm. s1. value) + parseFloat(document. frm. s2. value)把文本框(s1)和文本框(s2)的值加起来赋给文本框(s)。document 是文档对象,是内置对象,不用定义直接引用;frm 是表单对象名,属于文档对象的子对象;value 是文本框控件的值。文本框的值系统默认为字符型的数据,当用户输入数字时,也会被当作字符;parseFloat 是内置函数,作用是把字符型数字转化成数值型数字。代码中的加号" + "是算术运算符"加号"。

在第 1 个文本框中输入 23,第 2 个文本框中输入 27,单击【开始计算】按钮后,第 3 个文本框中就会显示加法运算结果"50",如图 3.1.2 所示。

图 3.1.2　两个数的加法器运算结果

 3.2　功能完善的两个数的加法器

3.2.1　工作任务

某网络公司签订了一项业务,要求制作一个适用于小学一年级数学教学的网页版的两个数的加法器。教师在输入两个加数后,单击【开始计算】按钮

可以计算出结果;如果教师授课时,只输入了一个加数,就去单击【开始计算】
按钮,则会出现提示信息,如图 3.2.1 所示。

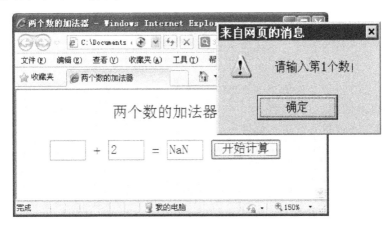

图 3.2.1 功能完善的两个数的加法器

3.2.2 主要原理

在任何一种语言中,程序结构是必需的,它能使得整个程序减少混乱,使
之顺利地按一定的方式执行。下面是 JavaScript 中常用的程序结构及语句:

1. if 条件语句

基本格式:
```
if(表述式)
语句段1;
else
语句段2;
```

功能:若表达式为 true,则执行语句段 1;否则执行语句段 2。

说明:if-else 语句是 JavaScript 中最基本的控制语句,通过它可以改变语
句的执行顺序。表达式中必须使用关系语句来实现判断,它是作为一个布尔
值来估算的。它将零和非零的数分别转化成 false 和 true。若 if 后的语句有
多行,则必须使用花括号将其括起来。

基本格式:
```
if(表达式);{
语句段1;
语句段2;
……
}else{
语句4;
```

```
                    语句 5；
                    …… }
```

if 语句的嵌套：　　　if(布尔值)语句 1；

　　　　　　　　　else if(布尔值)语句 2；

　　　　　　　　　else if(布尔值)语句 3；

　　　　　　　　　……

　　　　　　　　　else 语句 4；

在这种情况下,每一级的布尔表达式都会被计算。若为真,则执行其相应的语句;否则执行 else 后的语句。

2. for 循环语句

基本格式：　　　　　for(初始化;条件;增量)

　　　　　　　　　　语句集;

功能：实现条件循环。当条件成立时,执行语句集;否则跳出循环体。

说明：″初始化″参数告诉循环的开始位置,必须赋予变量的初值。″条件″是用于判别循环停止时的条件。若条件满足,则执行循环体;否则跳出。″增量″主要定义循环控制变量在每次循环时按什么方式变化。3 个主要语句之间必须使用分号分隔。

3. while 循环语句

基本格式：　　　　　while(条件)

　　　　　　　　　　语句集;

该语句与 for 语句一样,当条件为真时,重复循环;否则退出循环。for 语句与 while 语句都是循环语句,使用 for 循环语句在处理有关数字时更易看懂,也较紧凑,而 while 循环语句对复杂的语句效果更明显。

3.2.3 工作步骤

为了实现仅有一个加数进行计算时能弹出错误提示信息,应将前面做好的加法器中的自定义函数更改如下：

```
function js() {
    if(document.frm.s1.value=="") {
      alert("请输入第 1 个数!");
      document.frm.s1.focus();
    } else if (document.frm.s2.value=="") {
      alert("请输入第 2 个数!");
      document.frm.s2.focus();
```

```
    } else
      document.frm.s.value =
      parseFloat(document.frm.s1.value) + parseFloat
        (document.frm.s2.value);
    }
```

将网页另存为"加法器 b"后运行,如果在第 1 个文本框中不输入任何信息,在第 2 个文本框中输入 2,单击【开始计算】按钮后就会弹出一个如图 3.2.2 所示的警示框。单击【确定】按钮,此时光标会停在第 1 个文本框,等待用户输入。

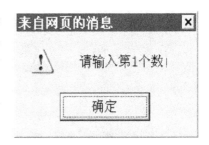

图 3.2.2　警示框

---

if (doucment. frm. s1. value == "") {…} 是控制结构中的分支语句,小括号中的内容是分支语句中的条件表达式,if 是关键字,须小写,两个等号" == "是比较操作符"等于",空双引号(")表示空字符串,如果比较操作符两边的值相等,则条件表达式返回一个逻辑值 true,"{…}"中的代码将被执行。

如果只有一个条件,本结构可直接使用以下形式,称为单分支结构。

$$if(条件表达式1) \{…\}$$
$$else\{…\}$$

如果有多个条件,比如本例中就有两个条件,所以结构写成:

$$if(条件表达式1)\{…\}$$
$$else\ if\{…\}$$
$$else\{…\}$$

alert("请输入第 1 个数!")此时产生一个警示框,alert 是关键字,小括号中的内容则由用户自己定义,内容必须放在双引号内,注意双引号必须是半脚英文的双引号。

document. frm. s1. focus( )将光标定位在 s1 文本框中,用户可以直接输入数据,focus( )是内置函数,用于光标定位。

本例中谈到了比较操作符,除了操作符等于(==)外,常用的还有:

① 不等于(! =),如果两边数不相等返回 true,否则返回 false。例如,

"th"! ="the"返回 true。

② 小于(<),如果左边数小于右边数返回 true,否则返回 false。例如, 2<3 返回 true。

③ 小于等于(<=),如果左边数小于等于右边数返回 true,否则返回 false。

④ 大于(>),如果左边数大于右边数返回 true,否则返回 false。

⑤ 大于等于(>=),如果左边数大于等于右边数返回 true,否则返回 false。

3.3 两个数的自动出题加法器

3.3.1 工作任务

某网络公司签订了一项业务,要求制作一个适用于小学一年级数学教学的网页版的两个数的自动出题加法器。教师在测试学生掌握程度的时候,单击【重新出题】按钮后,加法器会随机生成两个加数;单击【开始计算】按钮后,可以显示加法运算的结果,用来验证学生的答案是否正确,如图3.3.1所示。

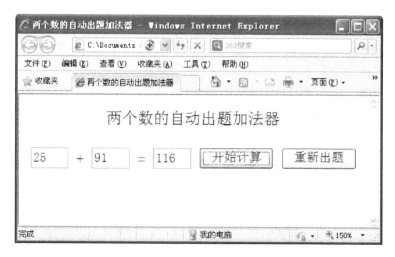

图 3.3.1 两个数的自动出题加法器

3.3.2　主要原理

1. Math. random( )函数

Math. random( )函数的作用是产生一个[0,1)之间的随机数。

语法：`Math.random();`

例如：`document.write(Math.random());`　　　　//返回随机数

　　　`document.write(Math.random() * (20 - 10) + 10);`

　　　　　　　　　　　　　　　　　　　//返回 10 ~ 20 的随机数

2. parseInt( )函数

parseInt( )函数的作用是用于解析一个字符串并返回一个整数。

语法：`parseInt (string,radix)`

参数 string 必选，是将被解析的字符串参数。参数 radix 可选，用于指定什么进制将被使用。例如：16 显示字符串数字将被解析成 16 进制的整数。

如果参数 radix 被忽略，JavaScript 将使用下面的规则进行假定：

① 如果字符串以"0x"开头，radix 被假定为 16(即 16 进制)；

② 如果字符串以"0"开头，radix 被假定为 8(即 8 进制)；

③ 如果字符串以其他任意值开头，radix 被假定为 10(即 10 进制)。

3.3.3　工作步骤

打开 Dreamweaver CS3 应用程序，新建一个静态网页，保存为"加法器 c. htm"。

在标记 < body > 与 < / body > 之间插入下列代码：

```
< div align = center >
< form name = "frm" >
两个数的自动出题加法器 < p >
< input type = "text" name = "s1" size = 4 > +
< input type = "text" name = "s2" size = 4 > =
  < input type = "text" name = "s" size = 4 readonly >
  < input type = "button" value = "开始计算" onclick = "js()" >
  < input type = "button" value = "重新出题" onclick = "cxct()" >
< / form >
< /div >
< script language = "javascript" >
  document.frm.s1.value = parseInt(100 * Math.random());
```

```
document.frm.s2.value = parseInt(100 * Math.random());
function cxct() {
    document.frm.s1.value = parseInt(100 * Math.random());
    document.frm.s2.value = parseInt(100 * Math.random());
    document.frm.s.value = "";
    }
function js() {
    document.frm.s.value =
    parseFloat(document.frm.s1.value) + parseFloat(docu-
    ment.frm.s2.value);
    }
</script>
```

保存后单击快捷按钮【 📀 】在浏览中预览,结果如图 3.3.1 所示。

代码详解

document.frm.s1.value = parseInt(100 * Math.random())给 s1 文本框赋一个两位整数。Math.random()是内置函数,直接引用,结果随机产生 0 ~ 1 范围内的一个小数。parseInt()是内置函数,作用是把带小数的数转化成整数。

3.4 实训任务

某网络公司签订了一项业务,要求制作一个适用于小学一年级数学教学的网页版的三个数的自动出题加法器。教师在测试学生掌握程度的时候,点击【重新出题】按钮后,加法器会随机生成三个加数;单击【开始计算】按钮后,可以显示加法运算的结果,用来验证学生的答案是否正确,如图 3.4.1 所示。

图 3.4.1　三个数的自动出题加法器

工作任务四

创建一个动感的新闻网站主页

知识点

1. 表单对象和其包含的控件使用：

（1）文本框的使用；（2）密码框的使用；

（3）普通按钮的使用；（4）提交按钮的使用；

（5）重置按钮的使用；（6）单选按钮的使用；

（7）复选框的使用；（8）下拉列表、列表框的使用；

（9）文本域的使用；（10）隐藏域的使用。

2. 窗口对象的使用：

（1）alter 方法的使用；

（2）confirm 方法的使用；

（3）prompt 方法的使用。

3. 常用输入控件的数据校对：

（1）文本框和文本域的数据校对；

（2）密码框和文本域的数据校对；

（3）单选框的数据校对；

（4）复选框的数据校对；

（5）下拉列表、列表框的数据校对。

4. 事件驱动程序设计。

5. 文档对象的使用。

6. 地址栏对象的使用。

7. 访问历史对象的使用。

8. 框架对象的使用。

子任务：

1. 创建一个新闻网的登录页面。
2. 创建一个新闻网的注册页面。
3. 创建一个新闻网注册页面中智能输入日期页面。
4. 创建一个动感的新闻网站主页。
5. 实训任务。

4.1　创建一个新闻网的登录页面

4.1.1　工作任务

　　某网络公司签订了一项业务,要求制作一个动感的新闻网主页的登录页面,功能是对用户身份进行认证。登录页面要求用户输入姓名(或用户名)和密码,在用户单击【登录】按钮前,要对用户输入的信息在客户端进行校对,如有错误要用对话框进行提示,并将光标定位在错误处,如图4.1.1所示。

图 4.1.1　新闻网的登录页面

4.1.2 主要原理

一、表单对象和其包含的控件使用

表单是网页中提供的一种交互式操作手段,在网页中使用非常广泛。无论是提交搜索的信息,还是网上注册等都需要使用表单。用户可以通过提交表单信息与服务器进行动态交流。表单主要分为两部分:一是 HTML 源代码描述的表单,可以直接通过插入的方式添加到网页中;二是提交后的表单处理,需要调用服务器端编写好的脚本对客户端提交的信息做出回应。

< form > </ form >(表单对象)是一个容器内对象,在 < form > 与 </ form >之间可以放各种交互控件,它主要有 name,method,action 三个属性。

name 属性的值由读者自己定义,用于对象引用。

method 属性的值有 get 和 post 两个固定值供读者选用。选 get 时,向别的网页传送数据,相关数据会在地址栏显示,不利于数据安全,而选 post 时则不显示;另外,post 比 get 传送数据的量要大,因此一般选 post。

action 属性的值是动态网页文件名,不属于本教材所述范畴。

1. 文本框的使用

文本框的用途是供用户输入数据。在文本框中可以输入任何类型的数据,且输入的数据都是单行显示,不会换行。

(1)HTML 代码:< input type ="text" >

文本框有 name,size,value 三个属性。

name 属性的值由读者自己定义,用于对象引用。

size 属性值默认值是 20,代表可显示 20 个字符宽度,英文字母和数字占一个字符宽度,汉字、全角英文和全角数字占 2 个字符宽度。当输入数据超过 20 个字符宽度时,输入的数据将向左滚动。读者可改变默认值,如设为 8,则写成 < input type ="text" size =8 >。

注意:属性与前面的关键字至少有一个空格。

value 属性默认值是空值,代码中用一对空的双引号或一对空的单引号来表示。读者可改变默认值,如果是数字类型的数据,可直接写"value = 数字";如果是字符型数据,则要用双引号引起来,如 < input type ="text" size = 8 value ="你好" >。

注意:属性不分先后顺序,包括其他控件的属性,后面不重述。size 和 value取默认值时可不写,不影响引用。

（2）文本框值的使用

在 < script language ="javascript" > 与 </script > 之间或在事件代码中以及函数的参数中引用文本框的值,可用如下代码。

语法:document.表单名.控件名.属性名

用法:document.frm.t1.value

（3）代码动态改变文本框的值

语法:document.表单名.控件名.属性名 = 设置值

用法:document.frm.t1.value ="早上好"

　　document.frm.t1.value =999

（4）实例

打开 Dreamweaver CS3 应用程序,新建一个静态网页,保存为"e_text.htm",在标记 < body > 与 </ body > 之间插入下列代码:

```
文本框的使用 <p >
< form name ="frm" >
< input type ="text" name ="t1" value ="初始值为你好" > <p >
< input type ="button" value ="引用文本框的值" onclick ="alert
    (document.frm.t1.value)" > <p >
< input type ="button" value ="代码动态改变文本框的值为早上好"
            onclick ="document.frm.t1.value ='早上好'" >
< /form >
```

保存后在浏览器中预览,如图 4.1.2 所示。

图 4.1.2　运行结果

单击【引用文本框的值】按钮,弹出警示框,警示内容就是文本框值的引用,如图 4.1.3 所示。

单击【确定】按钮后,再单击【代码动态改变文本框的值为早上好】按钮,将把文本框的值更改为"早上好",如图 4.1.4 所示。

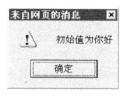

图 4.1.3　警示框

图 4.1.4　运行结果

2. 密码框的使用

密码框的用途是供用户隐藏输入密码或保密数据的显示,输入数据时以"＊"显示,不会让别人看见,以提高安全性。

(1) HTML 代码: < input type = "password" >

密码框有 name,size,value 三个属性。name 属性的值由读者自己定义,用于对象引用。size 属性与文本框相同。value 属性默认值是空值,一般不建议使用空值。输入数据时,不管是数值类型还是字符型的数据,都要用双引号引起来。

(2) 密码框值的引用

在 < script language = "javascript" > 与 < /script > 之间或在事件代码中以及函数的参数中引用密码框的值,可用如下代码。

语法:`document.表单名.控件名.属性名`

用法:`document.frm.t1.value`

(3) 代码动态改变密码框的值

语法:`document.表单名.控件名.属性名 = 设置值`

用法:`document.frm.t1.value = "abc123"`

```
document.frm.t1.value ="999"
```

（4）实例

打开 Dreamweaver CS3 应用程序,新建一个静态网页,保存为"e_password. htm",在标记 <body> 与 </body> 之间插入下列代码:

```
密码框的使用 <p>
<form name ="frm">
<input type ="password" name ="tp" value ="abc123"> <p>
<input type ="button" value ="引用密码框的值"
        onclick ="alert(document.frm.ta.value)"> <p>
<input type ="button" value ="代码动态改变密码框的值为 cde123"
        onclick ="document.frm.ta.value ='cde123'">
</form>
```

保存后在浏览器中预览,如图 4.1.5 所示。

图 4.1.5　运行结果

单击【引用密码框的值】按钮,弹出警示框,警示内容就是密码框值的引用,如图 4.1.6 所示。

单击【代码动态改变密码框的值为 cde123】按钮,再单击【引用密码框的值】按钮,弹出警示框,警示内容就变成"cde123"了,如图 4.1.7 所示。

图 4.1.6　警示框

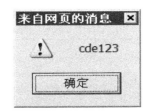

图 4.1.7　警示框

3. 普通按钮的使用

普通按钮用于供用户点击后,触发一个事件,使用它的单击事件,例如:

```
<input type="button" value="确认" onclick="alert()">
```

4. 提交按钮的使用

提交按钮用于提交表单数据,同时调用表单 action 属性中所指向的网页,如果表单没有指定 action 属性,则重新调用本网页。

```
<input type="submit" value="提交">
```

在代码中实现提交按钮的作用,用如下代码:

```
document.forms[0].submit();
```

5. 重置按钮的使用

重置按钮用于将表单中所包含全部控件恢复到初始状态。

```
<input type="reset" value="复位">
```

在代码中实现复位按钮的作用,用如下代码:

```
document.forms[0].reset();
```

二、窗口对象的使用

window(窗口)对象是最高层对象,它有四个子对象(location,document,history,frame),window 对象有内置的方法用于显示提示信息、输入信息、控制 HTML 页面外观、触发和响应事件、显示 HTML 页面等。其常用的方法见表 4.1.1。

表 4.1.1 window 对象的常用方法

名　　称	说　　明
alert 方法	用于产生一个警示框,包括信息图标、提示信息和"确定"按钮
confirm 方法	用于产生一个确认框,包括问号图标、提示信息、"确定"按钮和"取消"按钮
prompt 方法	用于显示一个输入对话框,包括提示信息和输入框
close 方法	用于关闭当前浏览器窗口,父 window 对象调用 close 方法时,会关闭所有的子窗口
open 方法	用于打开一个新的浏览器窗口,并且加载由其 URL 参数指定的 HTML 文档
setTimeout 方法	用于定时执行某个函数或命令
setInterval 方法	用于每隔一段时间执行某个函数或命令

这里先学习 alert,confirm,prompt 方法的使用,其余在其后的任务中介绍。

1. alert 方法的使用

alert 方法用来产生一个警示框。

语法:alert(警示信息);

用法:alert("请输入第1个加数");

可参阅 3.2 中的文件"加法 b. htm"。

alert 是关键字,小括号中的内容由用户自己定义,内容必须放在双引号内,双引号必须是半脚英文双引号。

2. confirm 方法的使用

confirm 方法用来产生一个确认框。与 alert 产生的警示框不同,该方法产生的确认框有两个按钮,而且有返回值。单击【确定】按钮,该方法返回值为 true;单击【取消】按钮,该方法返回值为 false。

注意:无法更改使用该方法产生的对话框标题。

语法:confirm(确认信息);

用法:a = confirm("你想继续吗?");

confirm 是关键字,小括号中的内容由用户自己定义,内容必须放在双引号内,双引号必须是半脚英文双引号。

打开 Dreamweaver CS3 应用程序,新建一个静态网页,保存为"e_confirm. htm",在标记 < body > 与 </ body > 之间插入下列代码:

```
< form name = frm >
点击右边的按钮进行测试 confirm 方法 ==>< input type ="button" value
    ="测试 confirm 方法" onclick ="test()" >
<p>你的选择是 < input type ="text" name ="t" >
</ form >
< script language ="javascript" >
  function test() {
      a = confirm("你想继续吗?");
      document.frm.t.value = a;
  }
</ script >
```

保存后在浏览器中预览,如图 4.1.8 所示。

图 4.1.8　运行结果

单击【测试 confirm 方法】按钮,将弹出一个确认框,如图 4.1.9 所示。

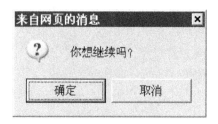

图 4.1.9　警示框

单击【确定】按钮,文本框中会显示"true",如图 4.1.10 所示。

图 4.1.10　运行结果

继续单击【测试 confirm 方法】按钮,将弹出一个如图 4.1.9 所示的确认框,然后单击【取消】按钮,文本框中会显示"false",如图 4.1.11 所示。

图 4.1.11　运行结果

3. prompt 方法的使用

prompt 方法用来产生一个输入对话框。

语法:prompt(信息,缺省值);

用法:a = prompt("请输入性别:","男");

其中,"信息"是可选参数,是显示提示信息的字符串;"缺省值"也是可选参数,显示缺省输入值。如果不指定"缺省值"参数,那么对话框的输入框中将显示"undefined"字样,该方法的返回值为用户输入的字符串。

打开 Dreamweaver CS3 应用程序,新建一个静态网页,保存为"e_prompt. htm",在标记 < body > 与 </ body > 之间插入下列代码:

```
< form name ="frm" >
点击右边的按钮进行测试 prompt 方法 ==>
< input type ="button" value ="测试 prompt 方法" onclick =
    "test()" >
<p >你的选择是 < input type ="text" name ="t" >
</ form >
< script language ="javascript" >
    function test() {
        a = prompt("请输入性别:","男");
        document.frm.t.value = a;
    }
</ script >
```

保存后在浏览器中预览,如图 4.1.12 所示。

图 4.1.12 运行结果

单击【测试 prompt 方法】按钮,将弹出一个警示框,如图 4.1.13 所示。

图 4.1.13 警示框

这里可以改变默认值"男",如不改变可直接单击【确定】按钮,如图 4.1.14 所示。

图 4.1.14　运行结果

此时文本框中会显示"男",如果上一步单击【取消】按钮,则文本框中显示"null",如图 4.1.15 所示。

图 4.1.15　运行结果

三、常用输入控件的数据校对

常用输入控件包括文本框、文本域、密码框、单选按钮、复选框、下拉列表(或叫下拉菜单)和列表框。它们具有通用事件,通用事件是指大多数(对象)控件都能响应的事件。通用事件的说明见表 4.1.2。

表 4.1.2　内部控件的通用事件

事件名称	说　　　　明	响应的事件程序
Focus	当控件收到焦点时,触发事件	onFocus
Blur	当控件失去焦点时,触发事件	onBlur
Click	当用户单击鼠标左键,然后抬起按键时,触发 Click 事件;当控件处于激活状态时,按下 Enter 或空格键,也将触发 Click 事件	onclick
Dblclick	当用户双击鼠标左键时,将触发 DblClick 事件	onDblclick

续表

事件名称	说　　明	响应的事件程序
Mouseover	当鼠标移到控件(或对象)的上方时,将触发该事件	onMouseover
Mousemove	当鼠标发生移动时,将触发该事件	onMousemove
Mouseout	当鼠标从控件(或对象)内部移出时,将触发该事件	onMouseout
Mousedown	按下鼠标键时,将触发该事件	onMousedown
Mouseup	按下鼠标键再松开时,将触发该事件	onMouseup
Keypress	当按下和松开某个 ASCII 字符键时,拥有焦点的控件将会响应,事件过程将获得按键对应的 ASCII 码	onKeypress
Keydown	当按下键盘上的某个键时,拥有焦点的控件将会响应,事件程序将获得按键对应的键值	onKeydown
Keyup	按下键盘上的某个键,当释放该键时,拥有焦点的控件将会响应,事件程序将获得按键对应的键值	onKeyup

1. 文本框和文本域的数据校对

文本框和文本域的功能基本相同,只是前者用来输入单行文本,而后者用来输入多行文本,通常用到的校对有:文本框的值不能为空,文本框的值只接收数字输入等。

实例:

打开 Dreamweaver CS3 应用程序,新建一个静态网页,保存为"sj_text.htm",在标记 < body > 与 </ body > 之间插入下列代码:

```
< form name ="frm" >邮编号:
< input type ="text" name ="t" >
< input type ="button" value ="文本框校对" onclick ="ch()"
</ form >
< script language ="javascript" >
  function ch() {
     a = document.frm.t.value;
     while (a.substr(0,1) =="" ) {
       a = a.substr(1,a.length −1);
     }
     while (a.substr(a.length −1,1) ==""){
       a = a.substr(0,a.length −1);
     }
  document.frm.t.value = a;
```

```
if (a == "") {
    alert("文本框的值不能为空");
    document.frm.t.focus();
}
else if (isNaN(a)) {
    alert("只能输入数字!");
    }
}
</script>
```

保存后在浏览器中预览,如图 4.1.16 所示。

图 4.1.16　运行结果

当输入空格或不输入任何信息时,单击【文本框校对】按钮,会弹出警示框,如图 4.1.17 所示。

当输入"abc"时,单击【文本框校对】按钮,会弹出警示框,如图 4.1.18 所示。

图 4.1.17　警示框

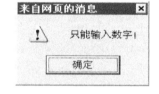

图 4.1.18　警示框

代码详解

```
a = document.frm.t.value;
while (a.substr(0,1) == " ") {
```

```
    a = a.substr(1,a.length - 1);
  }
  while (a.substr(a.length - 1,1) == "" "){
    a = a.substr(0,a.length - 1);
  }
  document.frm.t.value = a;
```

事件程序中这段代码的功能是去掉文本框值的前后空格。

else if (isNaN(a))代码中的 isNaN(a)是内置函数,用于测试 a 是不是数字。如果是数字,返回逻辑值 false;如果不是数字,返回逻辑值 true。

4.1.3 工作步骤

打开 Dreamweaver CS3 应用程序,新建一个静态网页,保存为"login. htm",在标记 < body > 与 </ body > 之间插入下列代码:

```
< body >
< form name = "frm" action = "" method = "post" >
< table border = "1" align = "center" cellpadding = "10" >
                                    //调整行内容右对齐
  < caption >
    < font size = "4" > 登录页面 < /font > < br >
    < br >
  < /caption >
  < tr >
    < td align = "right" >  姓   名: < /td >
    < td >
      < input type = "text" name = "xm" id = "xm" >
                                    //姓名文本框
    < /td >
  < /tr >
  < tr >
    < td align = "right" >  密   码: < /td >
    < td > < input type = "text" name = "mm" id = "mm" > < /td >
                                    //密码文本框
  < /tr >
  < tr >
    < td colspan = "2" align = "center" >
```

```
            <input type ="button" name ="a1" id ="a1" value ="  提交  "
              onclick ="ch()" >
            <input type ="reset"  value ="  取消  "  >
                                              ∥提交、取消按钮
      </td >
      </tr >
  </table >
  </form >
  <script language ="javascript" >
  function ch() {   ∥自定义函数:设置当用户名和密码为空时的提示信息
    if (document.frm.xm.value =="") {
        alert("请输入姓名!");
        document.frm.xm.focus(); }
    else if (document.frm.mm.value =="") {
        alert("请输入密码!");
        document.frm.mm.focus(); }
  }
  document.forms[0].reset();                ∥取消、重置事件
  </script >
  </body >
```

保存后在浏览器中预览,如图4.1.19所示。

图4.1.19　登录界面

4.2　创建一个新闻网的注册页面

4.2.1　工作任务

某网络公司签订了一项业务,要求制作一个动感的新闻网的注册页面,如图 4.2.1 所示。注册页面中全部信息为必填项,工号必须填满 10 位数字,出生日期必须填成以下格式:×××-××-××(从左到右为×年×月×日),联系电话必须全部是数字,邮编必须填满 6 位数字,两次输入的密码必须完全相同,密码长度必须大于 8 位。在客户端对填入的信息进行验证,如有错误,则用对话框提示。

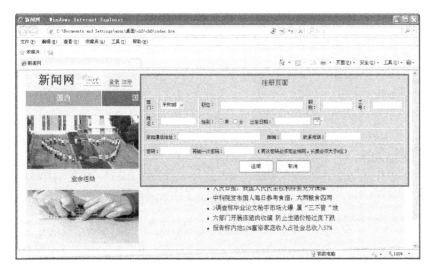

图 4.2.1　新闻网的注册页面

4.2.2　主要理论

一、表单对象和其包含的控件使用

1. 单选按钮(也称单选框)的使用

单选按钮(也称单选框)的用途是提供读者在多个选项中选择一项。

(1) HTML 代码:< input type = "radio" >

单选按钮有 name,value,checked 三种属性。

name 属性的值由读者自己定义,用于对象引用。

value 属性默认值是"on",一般不建议使用空值。输入数据时,不管是数值类型还是字符型的数据,都要用双引号引起来。

checked 属性不写时即默认值为 false,如设定初始状态是被选中的,可写成 <input type ="radio" checked >。

(2)单选按钮选项的值的引用

在 < script language ="javascript" > 与 </script > 之间或在事件代码中以及函数的参数中引用单选按钮选项的值,可用如下代码:

语法:`document.表单名.控件名[序号].属性名`

用法:`document.frm.t1[0].value; ∥序号 0 代表第 1 项`

(3)代码动态改变单选按钮选项的值

语法:`document.表单名.控件名[序号].属性名 =设置值`

用法:`document.frm.t1[0].value ="abc123"`
       `document.frm.t1[1].value ="999"`

(4)代码动态改变单选按钮的选项

语法:`document.表单名.控件名[序号].checked =设置值(设置值有两个固定逻辑值 true 和 false)`

用法:`document.frm.t1[0].checked =true;`
       `document.frm.t1[1].checked =false;`

(5)实例

打开 Dreamweaver CS3 应用程序,新建一个静态网页,保存为"e_radio.htm",在标记 < body > 与 </ body > 之间插入下列代码:

```
单选按钮的使用 <p >
< form name ="frm" >
你喜欢的球类:
< input type ="radio" name ="tdx" value ="1" >网球
< input type ="radio" name ="tdx" value ="排球" >排球 <p >
< input type ="button" value ="显示第 1 项的值"
       onclick ="alert(document.frm.tdx[0].value)" > <p >
< input type ="button" value ="显示读者选中的值" onclick ="disp( )" >
   <p >
< input type ="button" value ="代码动态改变单选按钮的选项变成第 2
   项" onclick ="document.frm.tdx[1].checked =true;" >
</ form >
```

```
<script language = "javascript">
  function disp() {
    a = document.frm.tdx.length;
    fl = 0;
    for ( i = 0 ; i < a ; i = i + 1 ) {
      if ( document.frm.tdx[ i ].checked ) {
        alert ( document.frm.tdx[ i ].value );
        fl = 1
      break;
      }
    }
    if ( fl == 0 ) alert ( "你一项也没选择!" );
  }
</script>
```

保存后在浏览器中预览,如图 4.2.2 所示。

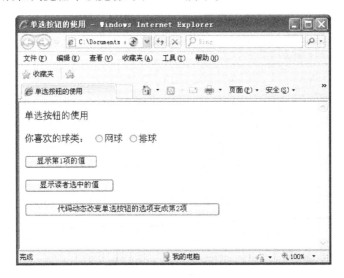

图 4.2.2　运行结果

单击【显示第 1 项的值】按钮,弹出警示框,警示内容就是选中项的值的引用,如图 4.2.3 所示。

单击【显示读者选中的值】按钮,因为一项都没选,所以弹出警示框,提示"你一项也没选择!",如图 4.2.4所示。

图 4.2.3　警示框

选中"排球"后,再单击【显示读者选中的值】按钮,会显示所选项的值,如图4.2.5所示。

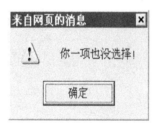

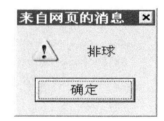

图4.2.4 警示框   图4.2.5 警示框

选中第1项"网球",再单击【代码动态改变单选按钮的选项变成第2项】按钮,结果如图4.2.6所示。

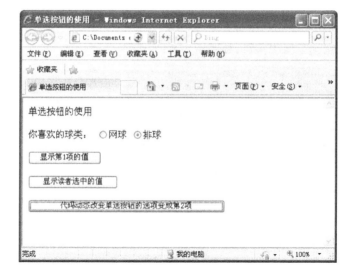

图4.2.6 运行结果

2. 复选框的使用

复选框的用途是提供读者在多个选项中选择多项。

(1) HTML代码: < input type = "checkbox" >

复选框有 name,value,checked 三个属性。

name 属性的值由读者自己定义,用于对象引用。

value 属性的默认值为"on",一般不建议使用空值。输入数据时,不管是数值类型还是字符型的数据,都要用双引号引起来。

checked 属性不写时即默认值为 false,如设定初始状态是被选中的,可写成<input type="checkbox" checked>。

（2）复选框选项的值的引用

在<script language="javascript">与</script>之间或在事件代码中以及函数的参数中引用复选框选项的值,可用如下代码:

语法:document.表单名.控件名[序号].属性名

用法:document.frm.t1[0].value;∥序号0代表第1项

（3）代码动态改变复选框选项的值

语法:document.表单名.控件名[序号].属性名=设置值

用法:document.frm.t1[0].value="abc123"

document.frm.t1[1].value="999"

（4）代码动态改变复选框的选项

语法:document.表单名.控件名[序号].checked=设置值(有两个固定逻辑值 true和false)

用法:document.frm.t1[0].checked=true;

document.frm.t1[1].checked=false;

（5）实例

打开 Dreamweaver CS3 应用程序,新建一个静态网页,保存为"e_check-box. htm",在标记<body>与</body>之间插入下列代码:

```
复选框的使用<p>
<form name="frm">
你喜欢的球类:
<input type="checkbox" name="tfx" value="网球">网球
<input type="checkbox" name="tfx" value="排球">排球
<input type="checkbox" name="tfx" value="足球">足球<p>
<input type="button" value="显示第1项的值"
        onclick="alert(document.frm.tfx[0].value);"><p>
<input type="button" value="显示读者选中的值" onclick="disp()">
    <p>
<input type="button" value="用代码让第3项被选中"
        onclick="document.frm.tfx[2].checked=true;">
</form>
<script language="javascript">
  function disp() {
    a=document.frm.tfx.length;
```

```
fl = 0;
lr = "";
for (i = 0; i < a; i = i + 1) {
  if (document.frm.tfx[i].checked) {
    lr = lr + document.frm.tfx[i].value + "\n";
    fl = 1
  }
}
if (fl == 0) alert("你一项也没选择!");
else alert(lr);
}
</script>
```

保存后在浏览器中预览,如图 4.2.7 所示。

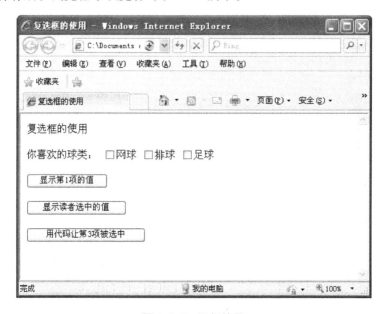

图 4.2.7　运行结果

单击【显示第 1 项的值】按钮,弹出警示框,显示第一项的值为"网球",如图 4.2.8 所示。

选中第 1 项和第 2 项,然后单击【显示读者选中的值】按钮,如图 4.2.9 所示。

图 4.2.8　警示值

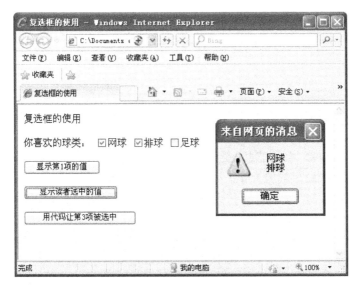

图 4.2.9　运行结果

单击【用代码让第 3 项被选中】按钮,如图 4.2.10 所示,"足球"被选中。

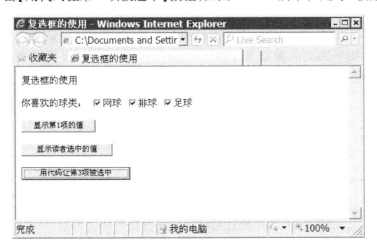

图 4.2.10　运行结果

3. 下拉列表(下拉菜单)、列表框的使用

下拉列表(下拉菜单)、列表框的用途是提供读者在多个选项中选择一项。

下拉列表(下拉菜单)与列表框只是显示上的差别,使用没有差别,前者显示一个列表项,后者显示多个列表项。

（1）HTML 代码

```
< select >
 < option > < /option >
    …
 < /select >
```

< select > 是列表开始标记, < /select > 是列表结束标记,列表有 name, size,value,length,selectedIndex 五个属性。name 属性的值由读者自己定义,用于对象引用。size 属性值是正整数,默认是 1,当 size 的值为默认值时,就生成了下拉列表,当设定的值大于 1 时,就生成了列表框。脚本只能引用 value,不能设置 value,但是可以引用和设置 selectedIndex。下拉列表的 selectedIndex 初始值为 0,代表默认选中第 1 个列表项,列表框的 selectedIndex 的初始值为 −1,代表没有选中任何列表项。length 属性代表列表项的个数只能被引用。

< option > < /option > 是列表项,它有 value,text,selected 属性。

假设表单 frm 中有个列表框 s1:

```
< select name ="s1" >
 < option value ="1" > 第 1 项 < /option >
 < option value ="2" > 第 2 项 < /option >
< /select >
```

如果要把第 2 个列表项设为默认选项, < option value ="2" > 第 2 项 < /option > 可写成:

```
< option value ="2" selected > 第 2 项 < /option >
```

（2）列表项的 value 引用

语法:document.表单名.列表名.value

用法:document.frm.s1.value;

（3）列表项的 value 和 text 的引用

语法:document.表单名.列表名.options[列表项序号].value

document.表单名.列表名.options[列表项序号].text

用法:document.frm.s1.options[0].value;　　∥得到值"1"

document.frm.s1.options[0].text;　　∥得到值"第 1 项"

列表中列表项两个属性 value 和 text 是通过数组 options 来引用的。

（4）脚本改变列表的默认选项

document. frm. s1. selectedIndex = 列表项序号或 −1。

列表序号:0 代表第 1 项,1 代表第 2 项,以此类推。

（5）实例

打开 Dreamweaver CS3 应用程序，新建一个静态网页，保存为"e_select. htm"，在标记 < body > 与 < / body > 之间插入下列代码：

```
< html >
< head >
< meta http - equiv ="Content - Type" content ="text/html; char-
    set = gb2312" >
< title >下拉列表（或叫下拉菜单）、列表框 < /title >
< /head >
< body >
< form name ="frm" >
下拉列表
< select name ="s1" >
    < option value ="南京市">江苏省会城市 < /option >
    < option value ="杭州市">浙江省会城市 < /option >
    < option value ="北京市">中国首都 < /option >
< /select >
< p >
< input type ="button" value ="测试下拉列表的长度"
onclick ="alert(document.frm.s1.length);" >
< input type ="button" value ="引用读者所选择的列表项的序号"
    onclick ="alert(document.frm.s1.selectedIndex);" >
< input type ="button" value ="引用列表的 value" onclick ="alert
    (document.frm.s1.value);" >  < p >
< input type ="button" value ="引用第 2 项的 value"
        onclick ="alert(document.frm.s1.options[1].value);" >
< input type ="button" value ="引用第 2 项的 text"
        onclick ="alert(document.frm.s1.options[1].text);" >
< input type ="button" value ="脚本改成选中第 3 项"
    onclick ="document.frm.s1.selectedIndex =2;" >
< p >列表框
< select name ="s2" size ="3" >
    < option value ="南京市">江苏省会城市 < /option >
    < option value ="杭州市">浙江省会城市 < /option >
    < option value ="北京市">中国首都 < /option >
< /select >
```

```
<p>
<input type="button" value="测试列表框的长度"
  onclick="alert(document.frm.s1.length);">
<input type="button" value="引用读者所选择的列表项的序号"
  onclick="alert(document.frm.s2.selectedIndex);">
<input type="button" value="引用列表的value"
  onclick="alert(document.frm.s2.value);"><p>
<input type="button" value="引用第2项的value"
  onclick="alert(document.frm.s2.options[1].value);">
<input type="button" value="引用第2项的text"
  onclick="alert(document.frm.s2.options[1].text);">
<input type="button" value="脚本改成选中第3项"
  onclick="document.frm.s2.selectedIndex=2;">
</form>
```

保存后在浏览器中预览,如图4.2.11所示。读者可以单击各个按钮体会一下。

图4.2.11 运行结果

4. 文本域的使用

文本域的用途是供用户输入数据。

(1) HTML 代码: <textarea></textarea>

文本域有 name,cols,rows 三个属性。

name 属性的值由读者自己定义,用于对象引用。

cols 属性的值由读者自己定义。属性值是正整数,代表显示字符宽度,英文字母和数字占一个字符宽度,汉字、全角英文和全角数字占 2 个字符宽度。当输入数据超过 cols 属性值时,会自动换行。假如设为 18,可写成 < textarea cols = 18 > < / textarea > 。

rowls 属性的值由读者自己定义。属性值是正整数,代表显示行数,当输入数据超过 rows 属性值时,输入的数据会向上滚动。假如设为 4,可写成 < textarea cols = 8 rows = 4 > < / textarea > 。

另外,文本域的初始值是直接写在 < textarea cols = 18 rows = 4 > 与 < / textarea > 之间的,如要设定为"请你在此留言:",可写成 < textarea cols = 18 rows = 4 > 请你在此留言: < / textarea > 。

（2）文本域值的引用

在 < script language = "javascript" > 与 < / script > 之间或在事件代码中以及函数的参数中引用文本框的值,可用如下代码:

语法:document.表单名.控件名.属性名

用法:document.frm.ta.value

（3）代码动态改变文本域的值

语法:document.表单名.控件名.属性名 = 设置值

用法:document.frm.ta.value = "请在此留言"

       document.frm.ta.value = 999

（4）实例

打开 Dreamweaver CS3 应用程序,新建一个静态网页,保存为"e_textarea.htm",在标记 < body > 与 < / body > 之间插入下列代码:

```
文本域的使用 <p>
<form name = "frm">
<textarea name = "ta" cols = 18 rows = 4> 请你在此留言: </textarea>
   <p>
<input type = "button" value = "引用文本域的值"
   onclick = "alert(document.frm.ta.value)"> <p>
<input type = "button" value = "代码动态改变文本域的值为内容很好"
   onclick = "document.frm.ta.value = '内容很好'">
</form>
```

保存后在浏览器中预览,如图 4.2.12 所示。

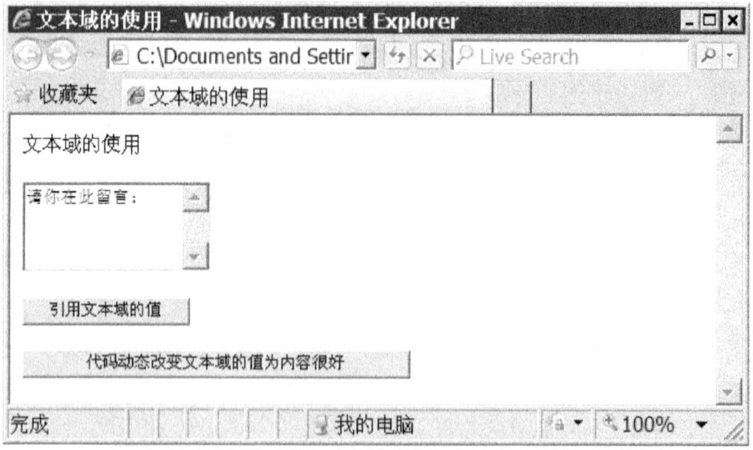

图 4.2.12 运行结果

单击【引用文本域的值】按钮,弹出警示框,警示内容就是文本域值的引用,如图 4.2.13 所示。

在图 4.2.13 中单击【确定】按钮后,再单击【代码动态改变文本域的值为内容很好】按钮,将把文本域的值更改为"内容很好",如图 4.2.14 所示。

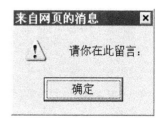

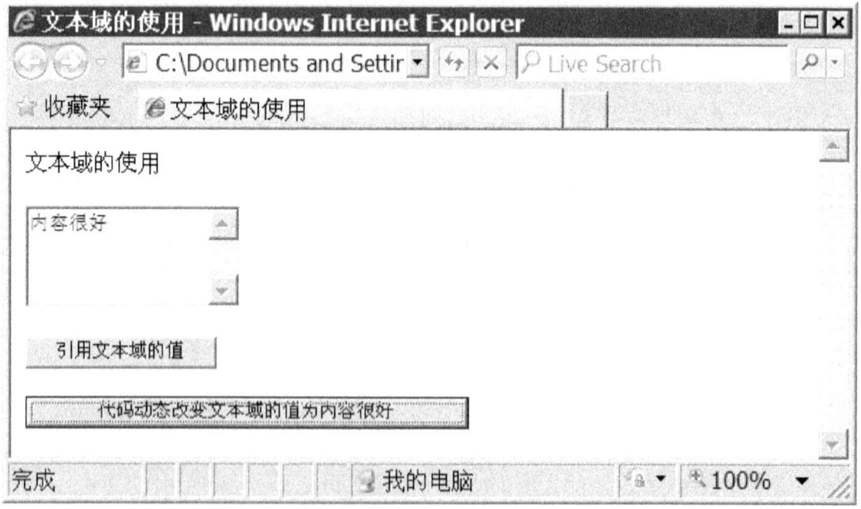

图 4.2.13 警示框

图 4.2.14 运行结果

5. 隐藏域的使用

隐藏域的用途是用于传送数据，又不需要在网页上显示，特别适用于向服务器传送数据。

（1）HTML 代码：< input type ="hidden" >。

隐藏域有 name 和 value 两个属性。

name 属性的值由读者自己定义，用于对象引用。

value 属性可省略，但引用前必须对其设定（赋值），设定时如果是数值类型的数据，可直接写 value = 数字，如果是字符型数据，则要用双引号引起来。例如，< input type ="hidden" value ="你好" >。

（2）隐藏域引用与文本框相同。

（3）代码动态改变隐藏域的值与文本框相同。

（4）实例。打开 Dreamweaver CS3 应用程序，新建一个静态网页，保存为"e_hidden. htm"，在标记 < body > 与 </ body >之间插入下列代码：

```
隐藏域的使用 < p >
< form name ="frm" >
< input type ="hidden" name ="ty" value ="初始值为你好" > < p >
< input type ="button" value ="引用隐藏域的值"
  onclick ="alert(document.frm.ty.value)" > < p >
< input type ="button" value ="代码动态改变隐藏域的值为早上好"
        onclick ="document.frm.ty.value ='早上好'" >
</ form >
```

保存后在浏览器中预览，如图 4.2.15 所示。

图 4.2.15　运行结果

单击【引用隐藏域的值】按钮，弹出如图 4.2.16 所示的警示框，内容就是隐藏域值的引用。

单击【代码动态改变隐藏域的值为早上好】按钮,再点击【引用隐藏域的值】按钮,弹出如图 4.2.17 所示的警示框,内容变成了"早上好"。

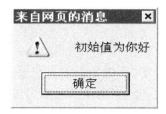

图 4.2.16　警示框　　　　　图 4.2.17　警示框

二、常用输入控件的数据校对

1. 密码框和文本域的数据校对

密码框和文本域常用的数据校验有:密码框的值不能为空;密码框的值的位数有要求;密码需输入两次,要求两次输入的密码完全相同等。

(1) 实例

打开 Dreamweaver CS3 应用程序,新建一个静态网页,保存为"sj_password. htm",在标记 < body > 与 < / body > 之间插入下列代码:

```
< form name ="frm" >
请输入密码: < input type ="password" name ="t1" > <p >
确认输入密码: < input type ="password" name ="t2" > <p >
< input type ="button" value ="密码框校对" onclick ="ch( )" >
< / form >
< script language ="javascript" >
function trimc(a) {
      while (a.substr(0,1) ==" " ) {
        a = a.substr(1,a.length − 1);
      }
      while (a.substr(a.length − 1,1) ==" " ){
        a = a.substr(0,a.length − 1);
      }
      return a;
}
function ch( ) {
  a = trimc(document.frm.t1.value);
  document.frm.t1.value = a;
```

```
        b = trimc(document.frm.t2.value);
        document.frm.t2.value = b;
        if (a == "") {
            alert("密码框的值不能为空");
            document.frm.t1.focus();
        }
        else if (document.frm.t1.value != document.frm.t2.value) {
         alert("两次输入的密码不一致,请重新输入!");
         document.frm.t2.value = "";
         document.frm.t2.focus();
        }
    }
    </script>
```

保存后在浏览器中预览,如图 4.2.18 所示。

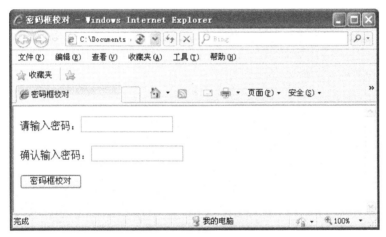

图 4.2.18　运行结果

在密码框中输入空格或不输入任何信息时,点击【密码框校对】按钮会弹出警示框,如图 4.2.19 所示。

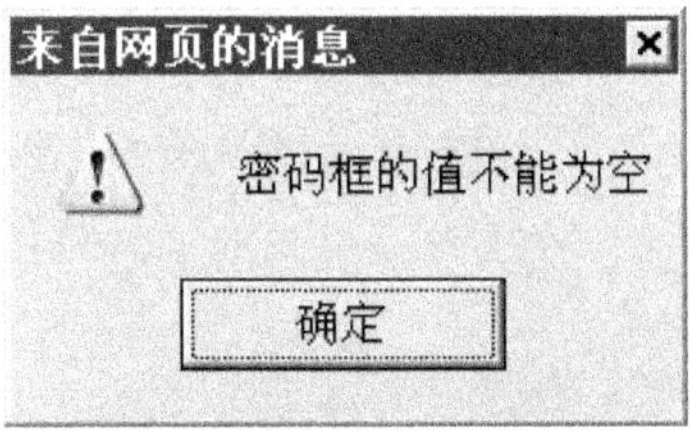

图 4.2.19　警示框

假如在请输入密码框中输入密码"123",在确认输入密码框中输入密码"122"后,点击【密码框校对】按钮会弹出警示框,如图4.2.20所示。

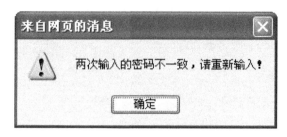

图 4.2.20　警示框

```
function trimc(a) {
    while (a.substr(0,1) == "") {
      a = a.substr(1,a.length – 1);
    }
    while (a.substr(a.length – 1,1) == "") {
      a = a.substr(0,a.length – 1);
    }
    return a;            //返回去掉前后空格后的值
}
```

事件程序中的代码是用户自定义函数,并且是带参数调用的,用于去掉密码框值的前后空格。

document.frm.t1.value = a 是把去掉前后空格后的值重新赋给密码框。

document.frm.t2.value = ""; document.frm.t2.focus()是把确认输入密码框清空,并把光标定位在确认输入密码框中。

2.单选框的数据校对

(1)实例一(增加一个按钮和按钮事件程序进行校对)

打开 Dreamweaver CS3 应用程序,新建一个静态网页,保存为"sj_radio.htm",在标记 < body > 与 </ body > 之间插入下列代码:

```
< form name = "frm" >
请选择你想要的运动鞋的颜色:
< input type = "radio" name = "r" value = "白色" > 白色
```

```
< input type ="radio" name ="r" value ="蓝色">蓝色
< input type ="radio" name ="r" value ="灰色">灰色
< input type ="button" value ="单选按钮校对" onclick ="ch()">
< /form >
< script language ="javascript">
  function ch() {
    a = document.frm.r.length;
    fl = 0;
    for ( i = 0 ; i < a ; i = i +1) {
      if ( document.frm.r[ i ].checked) {
       alert("你选中了:" + document.frm.r[ i ].value);
       fl = 1
       break;
       }
     }
    if ( fl == 0 ) alert("你必须选择其中一项!");
  }
< /script >
```

保存后在浏览器中预览,如图 4.2.21 所示。

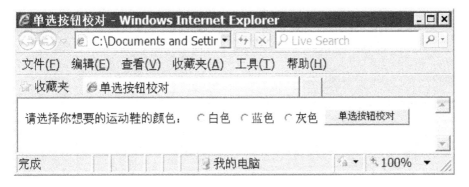

图 4.2.21　运行结果

在什么也不选的情况下,单击【单选按钮校对】按钮会弹出警示框,如图 4.2.22 所示。

选择"灰色"后,再单击【单选按钮校对】按钮会弹出警示框,如图 4.2.23 所示。

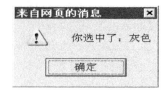

图4.2.22　警示框　　　　　　　　图4.2.23　警示框

（2）实例二（单选按钮和其单击事件程序进行校对）

打开 Dreamweaver CS3 应用程序,新建一个静态网页,保存为"sj_radio1.htm",在标记 < body > 与 </ body > 之间插入下列代码:

```
< form name ="frm" >
请选择你想要的运动鞋的颜色:
< input type ="radio" name ="r" value ="白色" onclick ="ch( )" >
    白色
< input type ="radio" name ="r" value ="蓝色" onclick ="ch( )" >
    蓝色
< input type ="radio" name ="r" value ="灰色" onclick ="ch( )" >
    灰色
</ form >
< script language ="javascript" >
  function ch( ) {
    a = document.frm.r.length;
    fl = 0;
    for ( i =0;i < a;i = i +1) {
      if (document.frm.r[ i ].checked) {
       alert("你选中了:"+ document.frm.r[ i ].value);
       fl =1
      break;
      }
    }
  }
</ script >
```

保存后在浏览器中预览,选择"白色"后会弹出警示框,如图4.2.24所示。

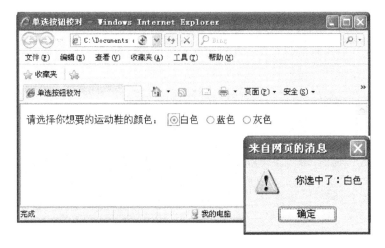

图 4.2.24　运行结果

3. 复选框的数据校对

（1）实例一（增加一个按钮和按钮事件程序进行校对）

打开 Dreamweaver CS3 应用程序，新建一个静态网页，保存为"sj_check-box. htm"，在标记 < body > 与 </ body > 之间插入下列代码：

```
复选框的校对 < p >
< form name = "frm" >
你喜欢的球类：
< input type = "checkbox" name = "tfx" value = "网球" > 网球
< input type = "checkbox" name = "tfx" value = "排球" > 排球
< input type = "checkbox" name = "tfx" value = "足球" > 足球 < p >
< input type = "button" value = "复选框的校对" onclick = "disp()" >
    < p >
</ form >
< script language = "javascript" >
  function disp() {
    a = document.frm.tfx.length;
    fl = 0;
    lr = "";
    for (i = 0;i < a;i = i +1) {
      if (document.frm.tfx[i].checked) {
        lr = lr + document.frm.tfx[i].value + "\n";
        fl = 1
```

```
        }
      }
      if ( fl == 0) alert("你至少要选择其中一项!");
      else alert(lr);
    }
  < /script >
```

保存后在浏览器中预览,如图 4.2.25 所示。

图 4.2.25 运行结果

在什么也不选的情况下,点击【复选框的校对】按钮会弹出警示框,如图
4.2.26 所示。

选中网球和排球后,再次点击【复选框的校对】按钮会弹出警示框,如图
4.2.27 所示。

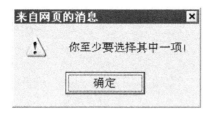

图 4.2.26 警示框

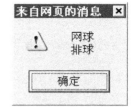

图 4.2.27 警示框

(2) 实例二(复选按钮和其单击事件程序进行校对)

打开 Dreamweaver CS3 应用程序,新建一个静态网页,保存为"sj_check-
box1. htm",在标记 < body > 与 < /body > 之间插入下列代码:

```
      复选框的校对 < p >
      < form name = "frm" >
```

你喜欢的球类:

```
< input type = "checkbox" name = "tfx" value = "网球" onclick = "disp
    ()" > 网球
< input type = "checkbox" name = "tfx" value = "排球" onclick = "disp
    ()" > 排球
< input type = "checkbox" name = "tfx" value = "足球" onclick = "disp
    ()" > 足球 < p >
< /form >
< script language = "javascript" >
  function disp() {
    a = document.frm.tfx.length;
    fl = 0;
    lr = "";
    for ( i = 0; i < a; i = i + 1) {
      if (document.frm.tfx[i].checked) {
        lr = lr + document.frm.tfx[i].value + "\n";
        fl = 1
      }
    }
    if (fl == 0) alert("你至少要选择其中一项!");
    else alert(lr);
  }
< /script >
```

保存后在浏览器中预览,选择了网球、排球、足球后,会弹出警示框,如图4.2.28所示。

图 4.2.28　运行结果

4. 下拉列表(下拉菜单)、列表框校对

下拉列表(下拉菜单)、列表框的校对主要是保证用户在所选列表项中，至少选择其中一项。

实例：

打开 Dreamweaver CS3 应用程序，新建一个静态网页，保存为"sj_select.htm"，在标记 < body > 与 </ body > 之间插入下列代码：

```
< form name ="frm" >
下拉列表
< select name ="s1" >
  < option value ="0" >-- 请选择 --< /option >
  < option value ="南京市" >江苏省会城市 < /option >
  < option value ="杭州市" >浙江省会城市 < /option >
  < option value ="北京市" >中国首都 < /option >
< /select >
< input type ="button" value ="下拉列表校对" onclick ="ch1();" >
列表框
< select name ="s2" size ="3" >
  < option value ="南京市" >江苏省会城市 < /option >
  < option value ="杭州市" >浙江省会城市 < /option >
  < option value ="北京市" >中国首都 < /option >
< /select >
< input type ="button" value ="列表框校对" onclick ="ch2();" >
< script language ="javascript" >
function ch1() {
  if (document.frm.s1.value ==0)
    alert("至少选择一项!");
}
function ch2() {
  if (document.frm.s2.selectedIndex == -1)
    alert("至少选择一项!");
}
< /script >
< /form >
```

保存后在浏览器中预览，下拉列表或列表框一项也不选的情况下，单击【下拉列表校对】或【列表框校对】按钮后弹出警示框，如图4.2.29所示。

图 4.2.29　运行结果

4.2.3　工作步骤

打开 Dreamweaver CS3 应用程序,新建一个静态网页,保存为"reg. htm",在标记 < body > 与 < / body > 之间插入下列代码:

```
< body >
< form name ="frm" action ="" method ="post" >
< table border ="1" align ="center" cellpadding ="10" >
<!-- 设置表格属性,边框粗细为 1,水平居中,单元格间距为 10 -->
  < caption >
    < font size ="4" >注册页面 < /font > < br >
    < br >
  < /caption >
  < tr >
    < td align ="right" >部门: < /td >
    < td width ="102" align ="left" >
    < select name ="dp" >
    <!-- 插入下拉菜单 select 和列表项 option -->
    < option value ="采购部" >采购部 < /option >
    < option value ="新闻部" >新闻部 < /option >
    < option value ="发行部" >发行部 < /option >
    < /select >      < /td >
    < td nowrap >职位: < /td >
    < td > < input name ="zw" type ="text" size ="30" > < /td >
    <!-- 插入文本框 -->
    < td >职称: < /td >
    < td > < input name ="zc" type ="text"  size ="10" maxlength =
```

```
            ″10″></td>
      <!--插入文本框-->
      <td>工号:</td>
      <td><input name="gh" type="text" size="10" maxlength=
            ″10″></td>
      <!--插入文本框-->
  </tr>
  <tr>
      <td align="right">姓名:</td>
      <td align="left"><input name="xm" type="text" size=
            ″12″></td>
      <!--插入文本框-->
      <td colspan="6">性别:
        <input type="radio" name="xb" checked>男
      <!--插入单选按钮-->
        <input type="radio" name="xb">女  出生日期:
        <input name="csrq" type="text" size="12">
        <!--插入文本框-->
        (格式:年-月-日,年为4位,月为2位,日为2位)</td>
  </tr>
  <tr>
      <td colspan="8" align="left" nowrap>家庭通信地址:<input
        name="txdz" type="text" size="60">
              邮编:<input name="yb" type="text"
                size="6">
            联系电话:<input name="lxdh" type="text" size="12">
                </td>
  </tr>
  <tr>
      <td colspan="8" align="left">
      <!--设置跨列-->
        密码:<input name="mm1" type="text" size="20">
        <!--插入文本框-->
        再输一次密码:<input name="mm2" type="text" size="20">
        (两次输入的密码必须完全相同,密码长度必须大于8位)</td>
  </tr>
```

```
    <tr>
      <td colspan = "8" align = "center">
        <input type = "button" name = "a1" id = "a1" value = " 提交 "
          onclick = "ch( )">
        <input type = "button" name = "a1" id = "a1" value = " 取消 "
          onclick = "qx( )">    </td>
      <!--插入提交、取消按钮-->
    </tr>
</table>
</form>
<script language = "javascript">
function ch( ) {
  cxh = trimc(document.frm.gh.value);
  ccsrq = document.frm.csrq.value;
  cyb = trimc(document.frm.yb.value);
  //alert(ccsrq.substr(0,4));
  if (document.frm.zw.value == "") {
      alert("请输入职位信息!");
                          //警示信息
      document.frm.zw.focus( );
                          //将光标定位在职位文本框中
  }
  else if (document.frm.zc.value == "") {
      alert("请输入职称信息!");
      document.frm.zc.focus( ); }
  else if (document.frm.gh.value == "") {
      alert("请输入工号!");
      document.frm.gh.focus( ); }
  else if (isNaN(document.frm.gh.value) || cxh.length!=10) {
      alert("工号必须是10位数字");
      document.frm.gh.focus( ); }
  else if (document.frm.xm.value == "") {
      alert("请输入姓名!");
      document.frm.xm.focus( ); }
  else if (ccsrq == "") {
      alert("请输入出生日期!");
```

```
        document.frm.csrq.focus(); }
    else if (isNaN(ccsrq.substr(0,4))) {
        alert("年份必须是 4 位数字!");
        document.frm.csrq.focus(); }
    else if (ccsrq.substr(4,1)!="-") {
        alert("年份后面必须是减号!");
        document.frm.csrq.focus(); }
    else if (isNaN(ccsrq.substr(5,2))) {
        alert("月份必须是 2 位数字!");
        document.frm.csrq.focus(); }
    else if (ccsrq.substr(7,1)!="-") {
        alert("月份后面必须是减号!");
        document.frm.csrq.focus(); }
    else if (isNaN(ccsrq.substr(8,2))) {
        alert("日必须是 2 位数字!");
        document.frm.csrq.focus(); }
    else if (document.frm.txdz.value=="") {
        alert("请输入通信地址信息!");
        document.frm.txdz.focus(); }
    else if (isNaN(cyb) || cyb.length!=6) {
        alert("邮编必须是 6 位数字!");
        document.frm.yb.focus(); }
    else if (isNaN(document.frm.lxdh.value) || document.frm.lxdh.
     value=="") {
        alert("联系电话必须是数字!");
        document.frm.lxdh.focus(); }
    else if (chpass());
}
function trimc(a) {            // 删除前后空格
        while (a.substr(0,1)=="" ) {
        a=a.substr(1,a.length-1);
        }
        while (a.substr(a.length-1,1)=="") {
        a=a.substr(0,a.length-1);
        }
        return a;
```

```
        }
function chpass( ) {
                //自定义函数:密码框的值非空,两次输入密码必须一致
    a = trimc(document.frm.mm1.value);
    document.frm.mm1.value = a;
    b = trimc(document.frm.mm2.value);
    document.frm.mm2.value = b;
    if (a == "") {
    alert("密码框的值不能为空");
    document.frm.mm1.focus( );
     }
     else if (document.frm.mm1.value! = document.frm.mm2.
      value) {
    alert("两次输入的密码不一致,请重新输入!");
    document.frm.mm2.value = "";
     document.frm.mm2.focus( );
    } else { return true;}
  }
</script >
</body >
```

保存后在浏览器中预览,如图4.2.30所示。

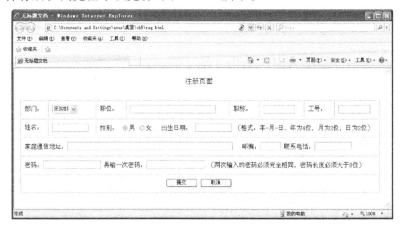

图 4.2.30　注册页面

4.3   创建一个新闻网注册页面中智能输入日期页面

4.3.1   工作任务

某网络公司签订了一项业务,要求新闻网新用户注册页面中的出生日期填写格式必须是××××-××-××(从左到右为×年×月×日),为了避免用户填写出错,输入界面要求设计成智能输入日期页面,如图4.3.1所示。

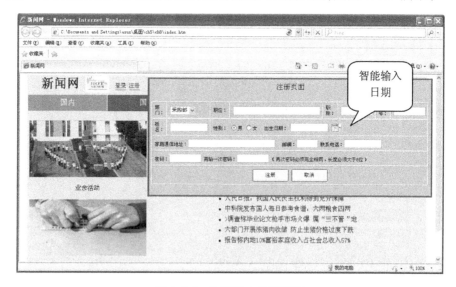

图4.3.1   智能输入日期页面

4.3.2   主要理论

一、事件驱动程序设计

JavaScript 是一种基于事件驱动的编程脚本语言,它可以对在浏览器中发生的很多事件做出响应。事件(Event)就是对象(控件)上所发生的事情。在JavaScript 中,事件是预先定义好的、能够被对象识别的动作,如单击(Click)事件、双击(DblClick)事件、装载(Load)事件、鼠标移动(MouseMove)事件等,不同的对象能够识别不同的事件。当事件发生时,JavaScript 将检测两条信息,即发生的是哪种事件及哪个对象接收了事件。

每种对象能识别一组预先定义好的事件,但并非每一种事件都会产生结果,因为 JavaScript 只是识别事件的发生。为了使对象能够对某一事件做出响应,就必须编写事件程序。

事件过程是一段独立的程序代码,它在对象检测到某个特定事件时执行(响应该事件)。一个对象可以响应一个或多个事件,因此可以使用一个或多个事件过程对用户或系统的事件做出响应。程序员只需编写必须响应的事件程序,而其他无用的事件程序则不必编写,如命令按钮的"单击"(Click)事件比较常见,其事件过程需要编写,而 MouseDown 或 MouseUp 事件则可有可无,程序员可根据需要选择。

1. 事件驱动模型机制

事件驱动意味着系统中各个部分之间以及系统与应用程序之间通过"消息"进行通信,消息的发送与接收伴随着事件的发生,不同的消息与不同的事件相联系。应用程序通过与特定消息相对应的事件过程代码来实现与用户的交互。

JavaScript 代码是在浏览器中执行的,而浏览器是 Windows 操作系统的一个应用程序。Windows 操作系统正是基于事件驱动的,通过消息机制、系统与应用程序进行通信,协调它们的工作。当用户在浏览器中进行操作时,如单击鼠标左键或按下键盘上的某个键,操作系统检测到该操作便向浏览器发送相应的消息,后者接收到消息后,就在当前 JavaScript 应用程序中寻找对应的事件处理代码,即事件程序。如果该事件程序存在,执行该段代码,否则就交由浏览器处理。

在事件驱动的程序设计中,程序员根据需要设计事件处理代码,即事件程序,而无须确定这些事件程序的执行顺序。当用户进行操作时,程序将执行相应的事件程序。这些事件的发生是随机的,依赖于用户的实际操作。

2. 事件程序的调用方式

事件过程的命名规则是:on 事件名。事件过程按其名称被识别,如 Click 事件程序名为 onclick。

事件程序的定义与调用有如下两种方式。

(1)通过自定义函数实现

为每个事件程序自定义一个函数,其语法格式为:

```
<… 事件名 ="自定义函数名">
<script language ="javascript">
 function  自定义函数名{
     〈事件过程代码〉
```

```
    }
  </script>
```

实例:

打开 Dreamweaver CS3 应用程序,新建一个静态网页,保存为"e_事件
1. htm",在标记 <body> 与 </body> 之间插入下列代码:

```
<input type="button" name="b1" value="自定义函数实现" onclick
  ="sj1()">
<script language="javascript">
  function sj1() {
    alert("自定义函数实现");
  }
</script>
```

保存后在浏览器中预览,点击【自定义函数实现】按钮,如图 4.3.2 所示。

图 4.3.2 运行结果

(2) 在对象定义标记中设置事件程序

通过在对象定义标记中设置事件程序可以直接调用事件程序代码,其语
法格式为:

```
<… 事件名="事件程序代码">
```

实例:

打开 Dreamweaver CS3 应用程序,新建一个静态网页,保存为"e_事件

2. htm",在标记 < body > 与 < / body > 之间插入下列代码：

```
< input type ="button" name ="b1" value ="对象定义标记中设置事件程
    序" onclick ="alert("对象定义标记中设置事件程序");" >
```

保存后在浏览器中预览，点击【对象定义标记中设置事件程序】按钮，如
图 4.3.3 所示。

图 4.3.3　运行结果

像这样的事件程序代码可以不止一句，每句应以";"分隔。例如：把 e_事
件 2. htm 中的

```
onclick ="alert("对象定义标记中设置事件程序");" >
```

改成：

```
onclick ="a =5;b =4;c =a +b;alert(c);" >
```

另存为"e_事件 3. htm"，在浏览器中预览，点击【对象定义标记中设置事件程
序】按钮，如图 4.3.4 所示。

图 4.3.4　运行结果

如果事件程序代码很多，建议通过自定义函数实现。

4.3.3 工作步骤

打开 Dreamweaver CS3 应用程序,新建一个静态网页,保存为"rqlr. htm",在标记 < body > 与 </ body > 之间插入下列代码:

```
< body >
< form name ="form1" >
< div align ="center"  style ="font - size:18px;
   font - family:华文中宋;" >
< font size =5 > < b >智能输入日期 </b > </ font > < p >
出生日期:
< input type ="text" name ="rq1" style ="font - size:18px; " >
< img id ="t1" src ="rl.bmp" onclick ="tt1( )" style ="padding -
   right: 0px; padding - left: 0px;
  padding - bottom: 0px; margin: 0px; vertical - align: bottom;
  padding - top: 0px" />
∥ < img…>提供一个图片按钮 t1,单击它调用自定义函数 tt1,显示日期智能
∥ 输入界面
< div id ="cc" align ="center" style  ="display :none " > </div >
    </div >
</ form >
< script language ="javascript" >
 prq =1;
 function tt1( ) {    ∥实现日期智能输入界面
  prq =1;
  if (document.getElementById("cc").style.display =="block")
      document.getElementById("cc").style.display ="none";
  else
      document.getElementById("cc").style.display ="block";
  ch( );                ∥具体实现日期智能输入界面
 }
 ∥以上 if…else… 段,起着开关日期智能输入界面功能,调用此函数时如果
 ∥日期智能输入界面已打开,则关闭,否则就打开
 function cl( ) {    ∥日期智能输入界面中供"关闭按钮"调用
   document.getElementById("cc").style.display ="none";
 }
 function chh(p) { ∥自定义函数供点击月历中某一天调用
```

```
yyf = parseInt(document.form1.yf.value) +1;
if (yyf <= 9)
    yf = "0" + yyf;
    //分支 if(yyf <= 9) 把个位数月份前面加上一位 0,成为标准月份格式
else
    yf = yyf;
if(p <= 9)
    d = "0" + p;
else
    d = p;
    document.form1.rq1.value = document.form1.nf.value + "-" +
    yf + "-" + d;
    //document.form1.nf.selectedIndex = 0;
    //document.form1.yf.selectedIndex = 0;
    document.getElementById("cc").style.display = "none";
}
//以下自定义函数 dqrq,实现将要输入日期的文本框中的默认值设为当前
//日期
function dqrq() {
    d = new Date();
    l = d.getYear();
    y = d.getMonth() +1;
    //获得月份,这里加1,是因为 javascript 中月份是从 0 开始的
    r = d.getDate();
    if (y <= 9)
        y = "0" + y;
    if (r <= 9)
        r = "0" + r;
    document.form1.rq1.value = l + "-" + y + "-" + r;
    document.getElementById("cc").style.display = "none";
}
//实现日期智能输入界面的年、月选择和按钮【录入当前日期】开始
function ch() {
    lr = "<table border = 1 cellspacing = 0 >";
    lr +="<tr><td align = right >请依次选择年份、月份和日期  
      ";
```

```
    lr +="< input type = button value = 关闭 onclick ='javascript:
    cl( )'style ='line - height:14px; font - size:12px; padding -
    top:4px ' >";
```
// 调用自定义函数 cl,关闭日期智能输入界面
```
    lr +="< tr > < td > < select id = nf onchange ='javascript:rl
    (this.value,document.form1.yf.value)' >";
    lr +="< option selected = selected  value =0 > < /option >";
    for (var i =2009;i <=2020;i ++)
        lr +="< option value ="+ i +" >"+ i +"< /option >";
    lr +="< /select > 年 ";
    lr +="< select id = yf onchange ='javascript:rl(document.
    form1.nf.value,this.value)' >";
```
        // 月份下拉菜单的 onchange 事件调用自定义函数 rl,实现月历界面,同时
        // 传递年份和月份两个实参
```
    lr +="< option selected = selected > < /option >";
    for (var i =1;i <=12;i ++)
        lr +="< option value ="+ (i -1) +" >"+ i +"< /option >";
    lr +="< /select > 月 < input type = button value ='录入当前日
    期' style ='padding - top:4px ' onclick ='dqrq( )' >";
    lr +="< tr > < td id = rlmx height =50 > ";
    lr +="< /table >";
    document.getElementById("cc").innerHTML = lr ;
    }
```
// 实现日期智能输入界面的年、月选择和按钮【录入当前日期】结束
```
 function rl(p1,p2) {
```
// 自定义函数:实现月历界面,这里形参 p1 和 p2 代表年月
// 在日期智能输入界面中选择月份时调用,如果没有选择年份就选择月份,提示
// 用户,并将月份选择复位
```
    if (document.getElementById("nf").value ==0) {
    alert("请选择年份");
    document.getElementById("yf").selectedIndex =0 ;
                            // 将月份选择复位
    }
    else {
        var curdate = new Date(parseInt(p1),parseInt(p2),1);
        // 创建一个日期对象,供实现月历时调用
```

```
var dateObject = new Date(parseInt(p1),parseInt(p2),1);
var month = parseInt(p2);
                        //parseInt()是把字符型转化为整型内置函数
//alert(parseInt(p));
 var monthArray = new Array ("January","February","March",
  "April","May","June","July","August","September","October",
  "November","December");
lr =" < table cellspacing ='0' align ='left' width =100% >";
lr +=" < colgroup span ='7' width ='40' align ='center'/>";
//设置表格7列的宽度为40,并且内容居中
lr +=" < tr > < td > 日 </td > < td > 一 </td > < td > 二 </td >
  <td >三 </td > < td >四 </td > < td >五 </td > < td >六 </td >
  </tr >";
dateObject.setDate(1);  //创建日期对象,起始日为1
var dateCounter =1;
//以下 switch 代码段,实现月历的第1行内容
switch (dateObject.getDay()) {
                        //dateObject.getDay()获得星期几
  case 0:
      lr +=" < tr >";
      for(var i =0; i <7; ++i) {
                        //i 的值0 到6 表示周日、周一至周六
          lr +=" < td style ='cursor:hand' onclick = chh ('" +
            dateCounter +"' ) >" + dateCounter +" </td >";
          ++dateCounter;
      }
          lr +=" < /tr >";
          break;
  case 1:
      lr +=" < tr > < td >  </td >";
      for(var i =0;  i <6; ++i)  {
          lr +=" < td style ='cursor:hand' onclick = chh ('" +
            dateCounter +"') >" + dateCounter +" </td >";
          ++dateCounter;
      }
          lr +=" < /tr >";
```

```
            break;
    case 2:
        lr +="<tr><td> </td><td> </td>";
        for(var i=0; i<5; ++i) {
            lr +="<td style='cursor:hand' onclick=chh('"+
            dateCounter +"') >"+dateCounter +"</td>";
            ++dateCounter;
        }
            lr +="</tr>";
            break;
    case 3:
        lr +="<tr><td> </td><td> </td><td
        > </td>";
        for(var i=0; i<4; ++i) {
            lr +="<td style='cursor:hand' onclick=chh('"+
            dateCounter +"') >"+dateCounter +"</td>";
            ++dateCounter;
        }
            lr +="</tr>";
            break;
    case 4:
        lr +="<tr><td> </td><td> </td>";
        lr +="<td> </td><td> </td>";
        for(var i=0; i<3; ++i) {
            lr +="<td style='cursor:hand' onclick=chh('"+
            dateCounter +"') >"+dateCounter +"</td>";
            ++dateCounter;
        }
            lr +="</tr>";
            break;
    case 5:
        lr +="<tr><td> </td><td> </td>";
        lr +="<td> </td><td> </td><td>
         </td>";
        for(var i=0;  i<2; ++i) {
            lr +="<td style='cursor:hand' onclick=chh('"+
```

```
                    dateCounter +"' ) >"+ dateCounter +"< /td >";
                ++ dateCounter;
            }
                lr +="< /tr >";
                break;
    case 6:
        lr +="< tr > < td >   < /td > < td >   < /td >";
        lr +="< td >   < /td > < td >   < /td > < td >
           < /td > < td >   < /td >";
        for( var i =0;  i <1;  ++ i)  {
            lr +="< td style ='cursor:hand' onclick = chh ('"+
                dateCounter +"' ) >"+ dateCounter +"< /td >";
                ++ dateCounter;
            }
                lr +="< /tr >";
                break;
    }
    var numDays =0;              //计算每个月份的天数
    //January, March, May, July, August, October, December
    if (month ==0 || month ==2 || month ==4 || month ==6 || month ==7 ||
     month ==9 || month ==11)
        numDays =31;
    //February
    else if( month ==1)
    numDays =28;                  //2 月份是 28 天
    //April, June, September, November
    else  if( month ==3 || month ==5 || month ==8 || month ==10)
    numDays =30;                  //4,6,9,11 月份是 30 天
//以下的 for 循环代码段实现月历的第 2 至第 4 行内容
 for ( var rowCounter =0; rowCounter < 5;  ++ rowCounter) {
            var weekDayCounter =0;
            lr +="< tr >";
        while ( weekDayCounter < 7) {
            if ( dateCounter <= numDays)
                lr +="< td style ='cursor:hand' onclick = chh
                ('"+ dateCounter +"' ) >"+ dateCounter +"< /
```

```
                td >";
            else
                lr +="< td >   </td >";
            ++weekDayCounter;
            ++dateCounter;
        }
        lr +="< /tr >";
    }
    lr +="< /table >";
    document.getElementById("rlmx").innerHTML = lr;
  }
}
</script >
</body >
```

保存后在浏览器中预览,如图 4.3.5 所示。

图 4.3.5 运行结果初始页面

点击 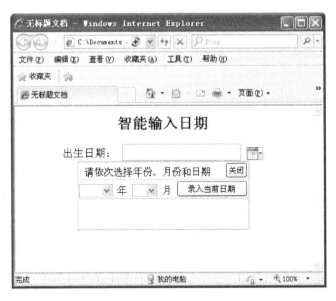，如图 4.3.6 所示。

图 4.3.6　智能输入日期界面显示

选择年份如图 4.3.7 所示。

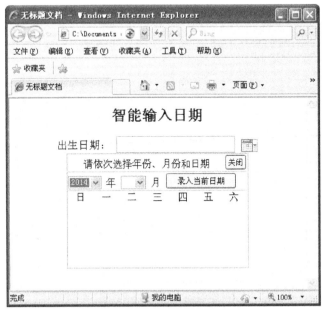

图 4.3.7　选择年份

选择好年份后,再选择月份,如图 4.3.8 所示。

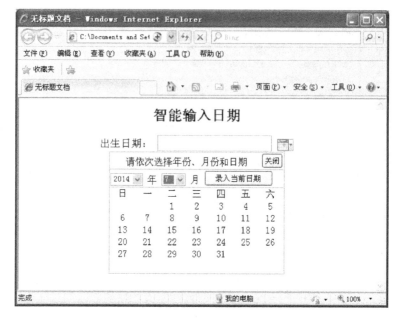

图 4.3.8 选择月份

最后点击某一天,日期会自动填入文本框,如图 4.3.9 所示。

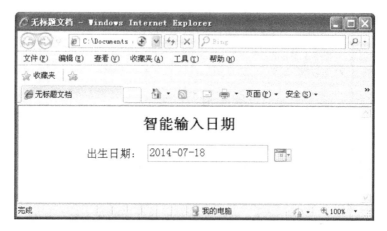

图 4.3.9 日期填入文本框

如果没有选择年份,而是直接选择月份,则会弹出提示框,提示"请选择年份",如图4.3.10所示。

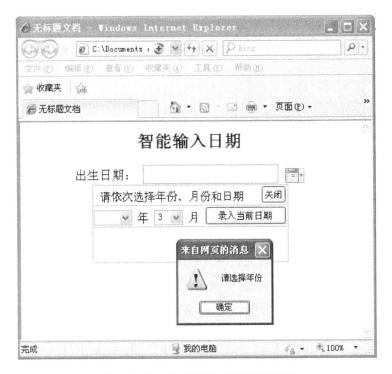

图4.3.10 没有选择年份时的提示框

4.4 创建一个动感的新闻网站主页

4.4.1 工作任务

某网络公司签订了一项业务,要求制作一个动感的新闻网站主页,主页中包括登录页面对用户身份进行认证,注册页面完成新用户的注册,注册页面中的出生日期要求实现智能输入,新闻网网站主页包括国内、国际、社会、军事、文化五个栏目的导航条,左框架动态交互显示图片,鼠标点击每个栏目的标题时,右框架能显示该栏目对应的文本内容,如图4.4.1所示。

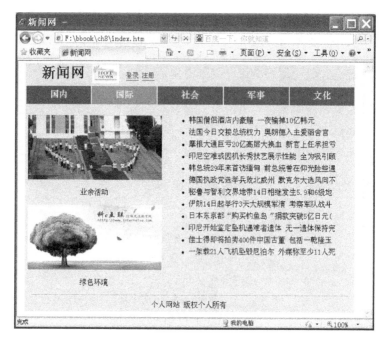

图 4.4.1 新闻网站主页

4.4.2 主要原理

一、文档对象的使用

在 document(文档对象)对象的属性中,有些是用来设置当前 HTML 文档的状态,有些则是用来指示当前 URL 的信息。其常用的属性如表 4.4.1所示。

表 4.4.1 document 对象的属性

名　　称	说　　明
bgColor 属性	用来得到或更改当前页面的背景颜色
fgColor 属性	用来得到或更改当前页面所有文本的颜色
title 属性	用来返回在 <title> 标签中编写的文本,该文本一般作为浏览器的标题出现

（1）bgColor

语法:`document.bgColor = 颜色;`

用法:`document.bgColor = 'green';`　　　//背景色改为绿色

（2）fgColor

语法：`document.fgColor = 颜色;`

用法：`document.fgColor = 'red';` 　　　　//前景色改为红色

（3）title

语法：`document.title = 标题`

用法：`document.title = '我的网站';` 　　　　//改变网页标题为"我的网站"

实例：

打开 Dreamweaver CS3 应用程序,新建一个静态网页,保存为" e_document. htm",在标记 < body > 与 </ body > 之间插入下列代码:

```
document 的属性 <p >
 < input type ="button" value ="背景色改为绿色" onclick ="docu-
  ment.bgColor ='green';" >
 < input type ="button" value ="背景色改为白色" onclick ="docu-
  ment.bgColor ='white';" >
 < input type ="button" value ="改变网页标题" onclick ="document.
  title ='我的网站';" >
```

注意,这里 onclick(单击)事件所响应的是一行脚本代码,而不是自定义函数。一般来说,一行代码这样用起来比较简洁方便,属性值要用单引号引起来,颜色可用标准颜色名也可用 16 进制表示。

保存后在浏览器中预览,如图 4.4.2 所示。

图 4.4.2　运行结果

分别点击【背景色改为绿色】和【背景色改为白色】按钮查看效果,再点击【改变网页标题】按钮,如图 4.4.3 所示。

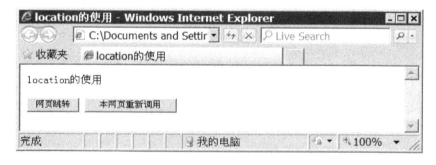

图4.4.3　改变网页标题

二、地址栏对象的使用

location(地址栏对象),可实现网页的跳转和本网页重新调用。

语法:location ='网页名称';

用法:location ='e_confirm.htm';

打开 Dreamweaver CS3 应用程序,新建一个静态网页,保存为"e_location.htm",在标记 <body> 与 </body> 之间插入下列代码:

```
location 的使用 <p>
<input type ="button" value ="网页跳转" onclick ="location ='e_
    confirm.htm'">
<input type ="button" value ="本网页重新调用" onclick ="location
    ='e_location.htm'">
```

保存后在浏览器中预览,如图4.4.4 所示。

图4.4.4　运行结果

　点击【网页跳转】按钮,网页将转向 e_confirm. htm 网页,如图 4.4.5 所示。

图 4.4.5　网页转向结果

三、访问历史对象的使用

history(访问历史对象),用于转向已访问过的网页。它主要有 back( )和 go( )两种方法。

(1) back( )

语法:`history.back();`

用法:`history.back();`　　∥返回前一个访问过的网页

(2) go( )

语法:`history.go(参数);`

用法:`history.go( -1);`　　∥返回前一个访问过的网页

这里的参数可以是正、负整数,正数表示向前,负数表示返回。

打开 Dreamweaver CS3 应用程序,新建一个静态网页,保存为"网页1. htm",在标记 < body > 与 < / body > 之间插入下列代码:

```
第一个网页 < p >
< a href ="网页2.htm" target ="_self" >转向第 2 个网页 < /a >
```

保存后,再新建一个静态网页,保存为"网页 2. htm",在标记 < body > 与 < / body > 之间插入下列代码:

```
第 2 个网页 < p >
< input type ="button" value ="返回到第 1 个网页" onclick ="history.
    back()" >
```

保存后,在浏览器中先预览"网页 1. htm",如图 4.4.6 所示。

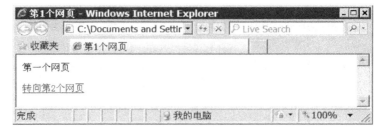

图 4.4.6 运行结果

在图 4.4.6 中,单击超链接【转向第 2 个网页】,如图 4.4.7 所示。

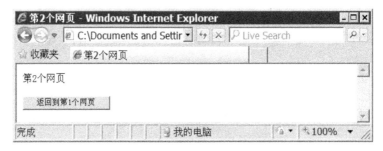

图 4.4.7 转向第 2 个网页结果

单击【返回到第 1 个网页】按钮,显示将与图 4.4.6 相同。如果把 back( )
换成 go(-1),其结果是一样的,读者可以自己练习。

四、框架对象的使用

如图 4.4.8 所示,页面上部保持不动,下面两部分用不同的网页文件
替换。

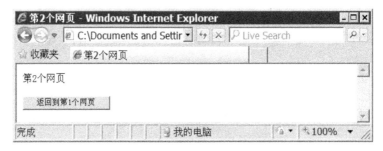

图 4.4.8 运行结果

打开 Dreamweaver CS3 应用程序,新建一个静态网页,保存为"e_frame. htm",标记 < body > 与 </ body > 之间的代码用如下代码替换:

```
< frameset rows ="60,*" >
< frame src ="dh.htm" >
  < frameset cols ="50% ,*" >
    < frame src ="e.checkbox.htm" >
    < frame src ="e_raido.htm" >
  </ frameset >
</ frameset > <noframes > < /noframes >
```

保存后,再打开 Dreamweaver CS3 应用程序,新建一个静态网页,保存为 "dh. htm",在标记 < body > 与 </ body > 之间输入如下代码:

```
< div align ="center" >
< input type ="button" value ="确认框的使用" onclick ="ch(1)" >
 < input type ="button" value ="输入对话框的使用" onclick =
   "ch(2)" >
< input type ="button" value ="恢复初始页面" onclick ="ch(3)" >
</ div >
< script language ="javascript" >
 function ch(p) {
   if (p ==1)
    //alert(parent.frames[1].location);
    parent.frames[1].location ="e_confirm.htm";
   else if (p ==2)
    parent.frames[2].location ="e_prompt.htm";
   else if(p ==3) {
    parent.frames[1].location ="e_checkbox.htm";
    parent.frames[2].location ="e_raido.htm";
   }
 }
</ script >
```

保存后,在浏览器中打开网页"e_frame. htm",如图 4.4.8 所示,点击【确认框的使用】按钮,屏幕显示如图 4.4.9 所示。

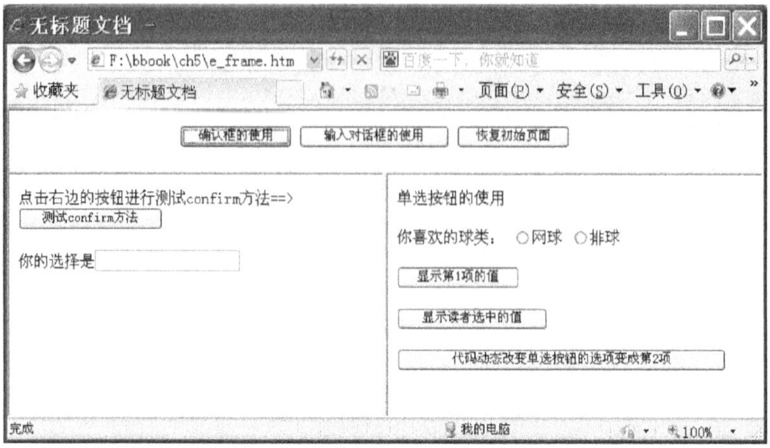

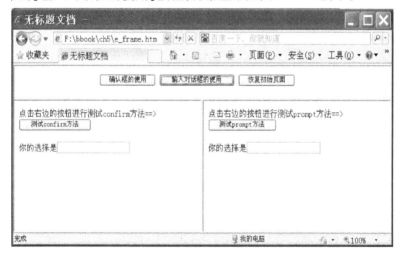

图 4.4.9　运行结果

单击【输入对话框的使用】按钮,屏幕显示如图 4.4.10 所示。

图 4.4.10　运行结果

单击【恢复初始页面】按钮,屏幕显示恢复如初,如图 4.4.8 所示。

代码详解

```
parent.frames[1].location ="e_confirm.htm";
```
parent 代表对当前框架所在的框架组(也称框架集)的引用。

　　frames[i]代表对当前框架的引用,i 代表是第几个框架,从 0 开始是第 1 个框架,顺序从左到右,从上到下。

　　location 代表当前框架中的网页文件名。

　　其他属性引用实例:

　　打开 Dreamweaver CS3 应用程序,新建一个静态网页,保存为"e_frame1. htm",标记 < body > 与 < / body > 之间的代码用如下代码替换:

```
< frameset id = "zk" rows = "60, * " >
< frame src = "dh1.htm" >
  < frameset id = "lr" cols = "50% , * " >
    < frame src = "e_password.htm" >
    < frame src = "e_raido.htm" >
  < /frameset >
< /frameset > < noframes > < /noframes >
```

　　保存后,再打开 Dreamweaver CS3 应用程序,新建一个静态网页,保存为 "dh1. htm",在标记 < body > 与 < / body > 之间输入如下代码:

```
< div align = "center" >
  < input type = "button" value = "设定上下框架高度" onclick =
    "ch(1)" >
  < input type = "button" value = "设定左右框架宽度" onclick =
    "ch(2)" >
  < input type = "button" value = "恢复初始页面" onclick = "ch(3)" >
< /div >
< script language = "javascript" >
  function ch(p) {
    if (p ==1) {
      parent.zk.rows = "100, * ";
    }
    else if (p ==2)
      parent.lr.cols = "300, * ";
    else if(p ==3) {
      parent.zk.rows = "60, * ";
      parent.lr.cols = "50% , * ";
    }
  }
< /script >
```

保存后,在浏览器中打开网页"e_frame1.htm",如图 4.4.11 所示。

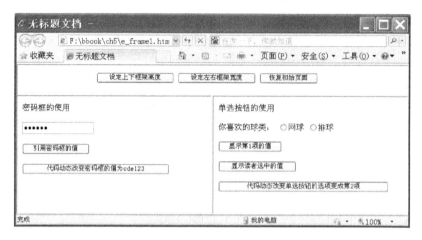

图 4.4.11　运行结果

单击【设定上下框架高度】按钮,屏幕显示如图 4.4.12 所示,上框架高为 100 像素。

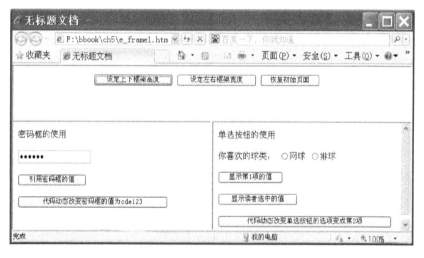

图 4.4.12　上下框架调整高度

单击【设定左右框架宽度】按钮,屏幕显示如图 4.4.13 所示,左框架宽为 300 像素。

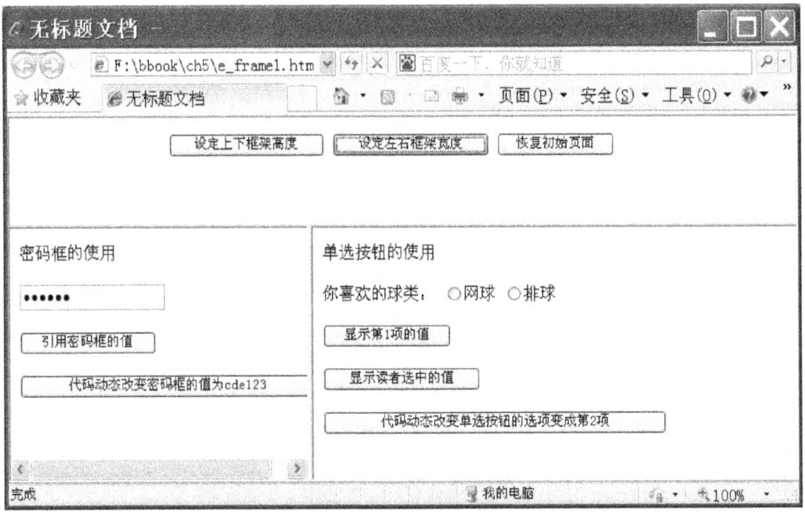

图4.4-13　左右框架调整宽度

单击【恢复初始页面】按钮,屏幕显示如图4.4.11所示。

4.4.3　工作步骤

首先到素材库中下载素材 t1. jpg,t2. jpg,t3. jpg,t4. jpg,lr. htm,gjxw. htm,sh. htm,js. htm,wh. htm。

打开 Dreamweaver CS3 应用程序,新建一个静态网页,保存为"index. htm",代码如下:

```
<html>
<head>
<meta http-equiv="Content-Type" content="text/html; char-
   set-gb2312">
<title>新闻网</title>
</head>
<body topmargin=5 bottommargin=0>
<div id="dl" style="position:absolute;top:10; height:100;
   display:none; background-color:silver;
padding:5px; border-width:2; border:solid; border-color:
 #FF0000;">
<form>
<table border="1" align="center" cellpadding="10" width=
```

```
      "200">
    <caption>
      <font size ="4">登录页面</font><br>
      <br>
    </caption>
    <tr>
      <td align ="right"> 姓   名：</td>
      <td>
        <input type ="text" name ="xm" id ="yh">
      </td>
    </tr>
    <tr>
      <td align ="right"> 密   码：</td>
      <td><input type ="text" name ="mm" id ="mm"></td>
    </tr>
    <tr>
      <td colspan ="2" align ="center">
        <input type ="button" name ="a1" id ="a1" value =" 登录 "
          onclick ="ddl( )" style ="padding：4px； line - height：
          18px；">
        <input type ="button" name ="a1" id ="a1" value =" 取消 "
          onclick ="qx( )" style ="padding：4px； line - height：
          18px；">
      </td>
    </tr>
</table>
</form></div>
<div id ="zc" style =" position：absolute；top：10； height：100；
  display：none； background - color：silver；
padding：5px；border - width：2； border：solid； border - color：
 #FF0000；">
<form>
<table border ="1" align ="center" cellpadding ="5" width ="600"
  style ="font - size：12px；">
  <caption>
    <font size ="4">注册页面</font><br>
```

```
      < br >
  < /caption >
   < tr >
    < td >部门: < /td >
    < td width ="102" align ="left" >
     < select name ="dp" >
      < option value ="采购部">采购部 < /option >
      < option value ="新闻部">新闻部 < /option >
      < option value ="发行部">发行部 < /option >
     < /select >      < /td >
    < td nowrap >职位: < /td >
    < td > < input name ="zw" type ="text" size ="30" > < /td >
    < td >职称: < /td >
    < td > < input name ="zc" type ="text"  size ="10" maxlength =
      "10" > < /td >
    < td >工号: < /td >
    < td > < input name ="gh" type ="text"  size ="10" maxlength =
      "10" > < /td >
   < /tr >
   < tr >
    < td >姓名: < /td >
    < td align ="left" > < input name ="xm" type ="text"  size =
      "12" > < /td >
    < td colspan ="6" >性别:
      < input type ="radio" name ="xb" checked >男
      < input type ="radio" name ="xb" >女   出生日期:
      < input name ="csrq" type ="text"  size ="12" >
      < img src ="rl.bmp" onclick ="tt1( )" style ="padding-right:
        0px; padding - left: 0px;
        padding - bottom: 0px; margin: 0px; vertical - align:
         bottom; padding - top: 0px" />
        < div id =cc align ="center" style ="display :none; " >
           < /div >
          < script src ="rq.js" > < /script >
      < /td >
    < /tr >
```

```
< tr >
  < td colspan = "8" align = "left" nowrap > 家庭通信地址: < input
    name = "txdz" type = "text"  size = "30" >
          邮编: < input name = "yb" type = "text"  size
        = "6" >
      联系电话: < input name = "lxdh" type = "text"  size = "12" >
      < /td >
  < /tr >
  < tr >
    < td colspan = "8" align = "left" >
      密码: < input name = "mm1" type = "text"  size = "10" >
      再输一次密码: < input name = "mm2" type = "text"  size = "10" >
      (两次密码必须完全相同,长度必须大于 8 位) < /td >
  < /tr >
  < tr >
    < td colspan = "8" align = "center" >
      < input type = "button" name = "a1" id = "a1" value = "  注册  "
        onclick = "zzc ( )" style = "padding: 4px; line - height:
        18px;" >
      < input type = "button" name = "a1" id = "a1" value = "  取消  "
        onclick = "qx ( )" style = "padding: 4px; line - height:
        18px;" >
    < /td >
  < /tr >
< /table >
< /form >
< /div >
< table border = "0" width = "98% " height = 98%  align = "center"
  bgcolor = "#99FFFF" >
< tr valign = "bottom" > < td colspan = "5"  style = "font - size:
  24pt;" >     < b > 新闻网 < /b >
< img src = "tb.jpg" width = "60" height = "40" align = "top" >
< span style = "font - size: 14;" >
  < a href = "javascript: void(0);" onclick = "ch(1)" > 登录 < /a >
  < a href = "javascript: void(0);" onclick = "ch(2)" > 注册 < /a >
        < /span >
```

```
< /td > < tr >
 < tr bgcolor = "green" align = "center" height = "40" style =
    "color:white; font - family:华文中宋;font - size:20;" >
 < td id = b1 onclick = chc(1,1,'国内') >
国内 < /td > < td id = b2 onclick = chc(2,2,'国际') >
国际 < /td > < td id = b3 onclick = chc(3,3,'社会') >
社会 < /td > < td id = b4 onclick = chc(4,4,'军事') >
军事 < /td > < td id = b5 onclick = chc(5,5,'文化') >
文化 < /td > < /tr >
< tr height = "100%" >
 < td colspan = "5" >
 < table border = "0" height = "98%" width = "100%" >
  < tr >
   < td valign = "top" align = "center" width = "300" >   <
     br >
   < img src = "t1.jpg" width = "300" height = "140" > < p > < div id
     = p1 align = center >业余活动
     < /div > < p >
   < img src = "t2.jpg" width = "300" height = "140" > < p > < div
     id = p2 align = center >绿色环境 < /div > < /td >
  < td > < iframe name = lr src = "lr.htm" style = "height:100% ;
     width:100%"; frameborder = "0" > < /iframe > < /td >
  < /tr >
  < /table >
  < /td >
 < /tr >
 < tr > < td colspan = "5" >
  < table border = "0" width = "98%" height = 30 align = center
     bgcolor = "#99FFFF" >
     < tr > < td > < hr > < /td > < /tr >
      < tr > < td align = center >个人网站 版权个人所有 < /td >
         < /tr >
  < /table >
 < /td > < /tr >
< /table >
```

```
< script language ="javascript" >
  document. getElementById (" b1"). style. backgroundColor
    ="#33CC00";


function chc(p,p1,p2) {
  // alert("9999");
  if (p ==1)
    document.lr.location.href ="lr.htm";
  else if (p ==2)
    document.lr.location.href ="gjxw.htm";
  else if (p ==3)
    document.lr.location.href ="sh.htm";
  else if (p ==4)
    document.lr.location.href ="js.htm";
  else if (p ==5)
    document.lr.location.href ="wh.htm";
  pi ="b" +p
    document. getElementById ( pi ). style. backgroundColor
      ="#33CC00";
  for ( i =1;i <=5;i ++) {
    pi ="b" +i;
    if ( i!=p) document.getElementById(pi).style.background-
      Color ="green";
  }
}
// 动画
begin = setInterval("changeBanner()",2000);
var curBanner ="t1";


function changeBanner() {
if (curBanner =="t3") {
document.images[2].src ="t1.jpg";
curBanner ="t1";
document.getElementById("p1").innerText ="业余活动";
}
else {
```

```
document.images[2].src = "t3.jpg";
curBanner = "t3";
document.getElementById("p1").innerText = "雷电奇观";
}
}
begin1 = setInterval("changeBanner1()",3000);
var curBanner1 = "t2";
function changeBanner1() {
if (curBanner1 == "t4") {
document.images[3].src = "t2.jpg";
curBanner1 = "t2";
document.getElementById("p2").innerHTML = "绿色环境";
}
else {
document.images[3].src = "t4.jpg";
curBanner1 = "t4";
document.getElementById("p2").innerText = "指间上的高考";
}
}
//登录和注册用
x = document.body.clientWidth;
y = document.body.clientHeight -100;

function ch(p) {
  if (p == 1) {
      document.getElementById("dl").style.display = "block";
      document.getElementById("dl").style.left = (x - 200)/2;}
  else {
      document.getElementById("zc").style.display = "block";
      document.getElementById("zc").style.left = (x - 600)/2;
  }
}

function qx() {
  document.getElementById("dl").style.display = "none";
  document.getElementById("zc").style.display = "none";
```

```javascript
}

function dd1() {
  if (document.forms[0].xm.value=="") {
   alert("请输入姓名!");
   document.forms[0].xm.focus(); }
  else if (document.forms[0].mm.value=="") {
   alert("请输入密码!");
} document.forms[0].mm.focus(); }

function zzc() {
 ccsrq=document.forms[1].csrq.value;
 cyb=trimc(document.forms[1].yb.value);
 //alert(ccsrq.substr(0,4));
 if (document.forms[1].zw.value=="") {
     alert("请输入职位信息!");
     document.frm.zw.focus();
}
  else if (document.forms[1].zc.value=="") {
   alert("请输入职称信息!");
   document.frm.zc.focus(); }
  else if (document.forms[1].gh.value=="") {
   alert("请输入工号!");
   document.frm.gh.focus(); }
  else if (isNaN(document.forms[1].gh.value) || cxh.length!=
  10) {
   alert("工号必须是10位数字!");
   document.frm.gh.focus(); }
  if (document.forms[1].xm.value=="") {
   alert("请输入姓名!");
   document.forms[1].xm.focus(); }
  else if (ccsrq=="") {
   alert("请输入出生日期!");
   document.forms[1].csrq.focus(); }
  else if (document.forms[1].txdz.value=="") {
   alert("请输入通信地址信息!");
```

```
    document.forms[1].txdz.focus(); }
 else if (isNaN(cyb) || cyb.length!=6) {
   alert("邮编必须是6位数字!");
   document.forms[1].yb.focus(); }
 else if (isNaN(document.forms[1].lxdh.value) || document.
  forms[1].lxdh.value=="") {
   alert("联系电话必须是数字!");
   document.forms[1].lxdh.focus(); }
 else if (chpass());
}


function trimc(a) {
     while (a.substr(0,1)=="") {
       a=a.substr(1,a.length-1);
     }
     while (a.substr(a.length-1,1)=="") {
       a=a.substr(0,a.length-1);
     }
     return a;
}


function chpass() {
   a=trimc(document.forms[1].mm1.value);
   document.forms[1].mm1.value=a;
   b=trimc(document.forms[1].mm2.value);
   document.forms[1].mm2.value=b;
   if (a=="") {
   alert("密码框的值不能为空");
   document.forms[1].mm1.focus();
   }
   else if (document.forms[1].mm1.value!=document.forms[1].
    mm2.value) {
   alert("两次输入的密码不一致,请重新输入!");
   document.forms[1].mm2.value="";
   document.forms[1].mm2.focus();
   } else { return true;}
```

```
  }
< /script >
< /body >
< /html >
```

网页中调用的外部 Javascript 代码文件(rq. js)代码如下：

```
prq = 1;
function tt1( ) {
 prq = 1;
 if (document.getElementById("cc").style.display =="block")
    document.getElementById("cc").style.display ="none";
 else
   document.getElementById("cc").style.display ="block";
 rqch( )
}
function cl( ) {
   document.getElementById("cc").style.display ="none";
}
function chh(p) {
yyf =parseInt(document.forms[1].yf.value) +1;
if (yyf <=9)
    yf ="0" +yyf;
else
    yf =yyf;
if (p <=9)
    d ="0" +p;
else
    d =p;
  document.forms[1].csrq.value = document.forms[1].nf.value
    +"-" +yf +"-" +d;
  //document.forms[1].nf.selectedIndex =0;
  //document.forms[1].yf.selectedIndex =0;
  document.getElementById("cc").style.display ="none";
}
function dqrq( ) {
  d =new Date( );
  l =d.getYear( );
```

```
    y = d.getMonth( ) +1;
    r = d.getDate( );
    if (y <=9)
        y = "0"+y;
    if (r <=9)
        r = "0"+r;
    document.forms[1].csrq.value = 1 +" - "+y +" - "+r;
    document.getElementById("cc").style.display ="none";
}
function rqch( ) {
  lrb = "< table border =1 cellspacing =0 >";
  lrb += "< tr > < td align = right > 请依次选择年份、月份和日期
       ";
  lrb += "< input type = button value = 关闭 onclick = javas-
    cript:cl( ) style ='line - height:14px;font - size:12px;pad-
    ding - top:4px ' >";
  lrb += "< tr > < td > < select id = nf onchange = javascript:rl
    (this.value,document.forms[1].yf.value) >";
  lrb += "< option selected = selected  value =0 > < /option >";
  for (var i =2009;i <=2020;i ++)
      lrb += "< option value = "+i +" >"+i +"< /option >";
  lrb += "< /select > 年 ";
  lrb += "< select id = yf onchange = javascript:rl(document.
    forms[1].nf.value,this.value) >";
  lrb += "< option selected = selected > < /option >";
  for (var i =1;i <=12;i ++)
      lrb += " < option value = " + (i - 1) +" >" + i +"
        < /option >";
  lrb += "< /select > 月 < input type = button value ='录入当前日
    期' style ='padding - top:4px ' onclick ='dqrq( )' >";
  lrb += "< tr > < td id = rlmx height =50 > ";
  lrb += "< /table >";
  document.getElementById("cc").innerHTML = lrb ;
  }
function rl(p1,p2) {
  if (document.getElementById("nf").value ==0) {
```

```
alert("请选择年份");
document.getElementById("yf").selectedIndex = 0;
}
else {
var curdate = new Date(parseInt(p1),parseInt(p2),1);
var dateObject = new Date(parseInt(p1),parseInt(p2),1);
var month = parseInt(p2);
// alert(parseInt(p));
var monthArray = new Array ("January","February","March",
  "April","May","June","July","August","September","October",
  "November","December");
lrb = "< table cellspacing ='0' align ='left' width =100% >";
lrb +="< colgroup span ='7' width ='40' align ='center'  />";
lrb +="< tr > < td > 日 < /td > < td > 一 < /td > < td > 二 < /td >
  < td > 三 < /td > < td > 四 < /td > < td > 五 < /td > < td > 六 < /td >
  < /tr >";
dateObject.setDate(1);
var dateCounter =1;
switch (dateObject.getDay())  {
 case 0:
     lrb +="< tr >";
     for(var i =0; i <7; ++i)  {
         lrb +="< td style ='cursor:hand' onclick = chh('" +
           dateCounter +"' ) >" + dateCounter +" < /td >";
         ++ dateCounter;
     }
     lrb +="< /tr >";
     break;
 case 1:
     lrb +="< tr > < td >   < /td >";
     for(var i =0;  i <6; ++i)  {
         lrb +="< td style ='cursor:hand' onclick = chh('" +
           dateCounter +"' ) >" + dateCounter +" < /td >";
         ++ dateCounter;
     }
     lrb +="< /tr >";
```

```
        break;
case 2:
    lrb +="< tr > < td >  < /td > < td >  < /td >";
    for( var i = 0; i < 5; ++i) {
        lrb +="< td style = 'cursor:hand' onclick = chh('" +
        dateCounter +"' ) >" +dateCounter +"< /td >";
        ++dateCounter;
    }
    lrb +="< /tr >";
    break;
case 3:
    lrb +="< tr > < td >  < /td > < td >  < /td >
     < td >  < /td >";
    for( var i = 0; i < 4; ++i) {
        lrb +="< td style = 'cursor:hand' onclick = chh('" +
        dateCounter +"' ) >" +dateCounter +"< /td >";
        ++dateCounter;
    }
    lrb +="< /tr >";
    break;
case 4:
    lrb +="< tr > < td >  < /td > < td >  < /td >";
    lrb +="< td >  < /td > < td >  < /td >";
    for( var i = 0; i < 3; ++i) {
        lrb +="< td style = 'cursor:hand' onclick = chh('" +
        dateCounter +"' ) >" +dateCounter +"< /td >";
        ++dateCounter;
    }
    lrb +="< /tr >";
    break;
case 5:
    lrb +="< tr > < td >  < /td > < td >  < /td >";
    lrb +="< td >  < /td > < td >  < /td > < td >
       < /td >";
    for( var i = 0;  i < 2; ++i) {
        lrb +="< td style = 'cursor:hand' onclick = chh('" +
```

```javascript
                dateCounter +"' ) >" + dateCounter +"< /td >";
                ++dateCounter;
        }
        lrb +="< /tr >";
        break;
    case 6:
        lrb +="< tr > < td >  < /td > < td >  < /td >";
        lrb +=" < td >   < /td > < td >   < /td > < td >
           < /td > < td >  < /td >";
        for( var i = 0; i < 1; ++i) {
            lrb +="< td style ='cursor;hand' onclick = chh('" +
            dateCounter +"' ) >" + dateCounter +"< /td >";
            ++dateCounter;
        }
        lrb +="< /tr >";
        break;
    }

    var numDays = 0;
    // January, March, May, July, August, October, December
    if (month ==0 || month ==2 || month ==4 || month == 6 || month ==7 ||
     month ==9 || month ==11)
    numDays =31;
    // February
    else if (month ==1)
    numDays =28;
    // April, June, September, November
    else if (month ==3 || month ==5 || month ==8 || month ==10)
    numDays =30;
    for (var rowCounter =0; rowCounter < 5; ++rowCounter) {
        var weekDayCounter =0;
        lrb +="< tr >";
        while (weekDayCounter < 7) {
            if (dateCounter <= numDays)
                lrb +="< td style ='cursor;hand' onclick = chh('"
                    + dateCounter +"' ) >" + dateCounter +"< /td >";
            else
```

```
        lrb +="<td> </td>";
     ++weekDayCounter;
     ++dateCounter;
     }
     lrb +="</tr>";
  }
 lrb +="</table>";
 document.getElementById("rlmx").innerHTML = lrb;
 }
}
```

4.5   实训任务

某网络公司签订了一项业务,要求开展某企业管理部门干部的网上调查,如图4.5.1所示。调查内容包括以下几方面:① 对文化的贡献度;② 对业务的贡献度;③ 对管理的贡献度;④ 你的个人意见;⑤ 综合评价。每个评价有四个等级:优秀、良好、一般、较差。

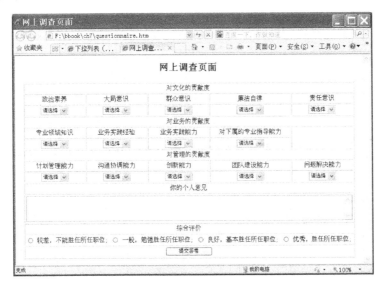

图4.5.1   网上调查页面

工作任务五

创建一个五金电器商店的商品导航网页

知识点

1. 层对象的 visibility 属性。
2. position 属性。
3. javascript:void(0)。
4. document. getElementById( )方法。

子任务

1. 创建一个五金电器商店的商品导航网页。
2. 实训任务。

5.1　创建一个五金电器商店的商品导航网页

5.1.1　工作任务

　　某网络公司签订了一项业务,要求制作一个网页方便查找五金电器商店的所有商品。要求将商品类别做成的导航条放于网页上端,查找具体商品时只需要将鼠标移动到导航条的菜单项,下拉子菜单就会弹出,如图 5.1.1 所示。五金电器商店的商品共分三个类别:① 电气产品;② 给水设备;③ 冷暖设备。电气产品类别中商品有:保险丝、电工工具、电线。给水设备类别中商品有:不锈钢管、过滤网、管子钳。冷暖设备类别中商品有:空调、热机、真空泵。

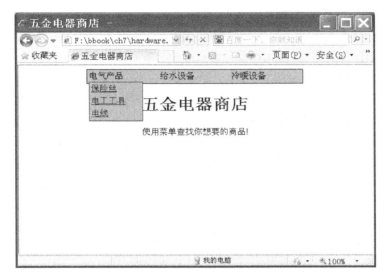

图 5.1.1　五金电器商店商品导航网页

5.1.2　主要原理

一、层对象的 visibility 属性

层对象的 visibility 属性指定层是否可见,在程序中改变这个属性值,可以实现层的显示和隐藏。visibility 属性有三个设置值。

（1）inherit 值:元素的可见性与父元素的可见性相同。

（2）visible 或 show 值:显示元素,在 IE 中为 visible,在 NS 中为 show。

（3）hidden 或 hide 值:隐藏元素,在 IE 中为 hidden,在 NS 中为 hide。

二、position 属性

position 属性把元素放置到一个静态的、相对的、绝对的或固定的位置中。

语法:object.style.position＝static |relative |absolute |fixed

（1）static 值:默认值,位置设置为 static 的元素,它始终会处于页面流给予的位置(static 元素会忽略任何 top,bottom,left,right 声明)。

（2）relative 值:位置被设置为 relative 的元素,可将其移至相对于其正常位置的地方,因此"left:20"会将元素移至元素正常位置左边 20 个像素的位置。

（3）absolute 值:位置设置为 absolute 的元素,可定位于相对于包含它的元素的指定坐标。此元素的位置可通过"left""top""right"以及"bottom"属性来规定。

（4）fixed 值：位置被设置为 fixed 的元素，可定位于相对于浏览器窗口的指定坐标。此元素的位置可通过"left""top""right"以及"bottom"属性来规定。不论窗口滚动与否，元素都会留在那个位置。

三、javascript：void(0)

在设计页面时，如果想做一个链接点击后不做任何事情，或者响应点击而完成其他事情，可以使用 javascript：void(0)，下面是具体的使用方法：

```
<a href="javascript:void(0)">单击此处看看效果</a>
```

实际上单击此处什么也不会发生，其中的 javascript：void(0)形式是一个 javascript 的伪协议，是表示此链接不跳转到任何的地方。

四、document.getElementById( )方法

语法：oElement = document.getElementById(sID)

（1）sID：必选项，字符串（String）。

（2）oElemen：对象 Element，返回值。

说明：根据指定的 id 属性值得到对象。返回 id 属性值等于 sID 的第一个对象的引用。假如对应的为一组对象，则返回该组对象中的第一个。如果无符合条件的对象，则返回 null。

5.1.3 工作步骤

打开 Dreamweaver CS3 应用程序，新建一个静态网页，保存为 hardware.htm"，在标记 <head> 与 </body> 之间插入下列代码：

```
<head>
<title>五金电器商店</title>
<style type="text/css">          //页内引用样式表
body { font-family: Tahoma }
table { background-color: aqua; border-style: solid; border-
      width: thin;border-color: black }    //aqua-浅绿色
a.noDecor { text-decoration: none; color: black }
                              //超级链接没有下划线,字体颜色为黑色
table.noShow {visibility:hidden; position:absolute }
//visibility 为 hidden 时,表格不显示,为 visible 时,表格显示;
  //position为 absolute 时,表示绝对定位
</style>
</head>
<body>
```

```
< table width ="400" align ="center" >
 < tr align ="left" >
//下方单元格设置了鼠标移进和移出事件,移进时表格(electrical)显示,
//移出时表格(electrical)隐藏
 < td onmouseover ="document.getElementById('electrical').style.
     visibility ='visible';"onmouseout ="document.getElementById
     ('electrical').style.visibility ='hidden';" >
 < a href ="" class ="noDecor" >电气产品 < /a > < br/>
 < table class ="noShow" id ="electrical" width ="100" >
 < tr > < td > < a href ="javascript:void(0)" >保险丝 < /a > < /td >
     < /tr >
//这里 javascript:void(0),表示暂时没有超级链接所指向的文档时,用之
//替代以防网页出错
 < tr > < td > < a href ="javascript:void(0)" >电工工具 < /a > < /td
     > < /tr >
 < tr > < td > < a href =" javascript:void(0)" >电线
     < /a > < /td > < /tr >
 < /table >
 < /td >
 < td onmouseover ="document.getElementById('plumbing').style.
     visibility ='visible';"onmouseout ="document.getElement-
     ById('plumbing').style.visibility ='hidden';" >
     < a href ="" class ="noDecor" >给水设备 < /a > < br/>
     < table class ="noShow" id ="plumbing" width ="100" >
     < tr > < td > < a href =" javascript:void(0)" >不锈钢管 < /a >
         < /td > < /tr >
     < tr > < td > < a href =" javascript:void(0)" >过滤网 < /a >
         < /td > < /tr >
     < tr > < td > < a href =" javascript:void(0)" >管子钳 < /a >
         < /td > < /tr >
     < /table >
   < /td >
   < td onmouseover ="document.getElementById('hc').style.visibi-
       lity ='visible';"onmouseout ="document.getElementById
       ('hc').style.visibility ='hidden';" >
     < a href ="javascript:void(0)" class ="noDecor" >冷暖设备
```

```
            </a><br />
        <table class = "noShow" id = "hc" width = "100">
        <tr><td><a href = javascript:void(0)">空调</a></td>
            </tr>
        <tr><td><a href = "javascript:void(0)">热机</a></td>
            </tr>
        <tr><td><a href = "javascript:void(0)">真空泵</a>
            </td></tr>
        </table>
    </td>
  </tr>
</table>
<div align = "center">
<h1>五金电器商店</h1>
<p>使用菜单查找你想要的商品！</div>
</body>
```

保存后在浏览器中预览，如图 5.1.2 所示。

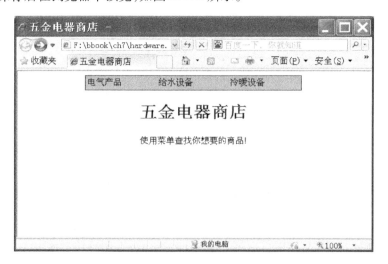

图 5.1.2 运行结果

当光标移动到【电气产品】菜单项时，子菜单会自动下拉，如图 5.1.1 所示。

5.2 实训任务

　　某网络公司签订了一项业务,要求制作一个网页方便查找五金电器商店的所有商品。要求将商品类别做成的导航条置于网页左端,如图 5.2.1 所示。查找具体商品时只需要将鼠标移动到左边的菜单项时,子菜单会自动向右滑出,如图 5.2.2 所示。五金电器商店的商品共分两个类别:① 电气产品;② 给水设备。电气产品类别中商品有:保险丝、电工工具、电线。给水设备类别中商品有:不锈钢管、过滤网、管子钳。

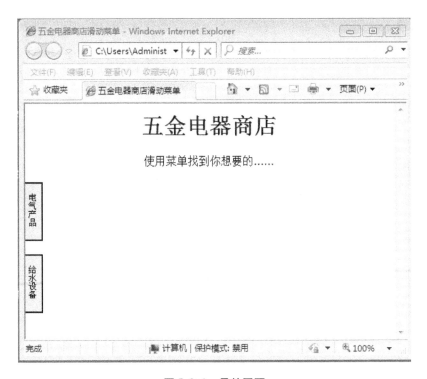

图 5.2.1　导航网页

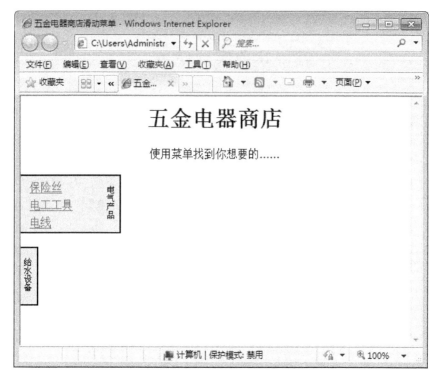

图 5.2.2　子菜单向右滑出

工作任务六

创建一个五金电器商店自动滚屏的特效网页

知识点

1. onDblClick 事件。
2. scroll 函数。

子任务

1. 创建一个五金电器商店自动滚屏的特效网页。
2. 实训任务。

6.1 创建一个五金电器商店自动滚屏的特效网页

6.1.1 工作任务

某网络公司签订了一项业务,要求制作一个展示五金电器商店所有商品的网页,因为一个页面显示的商品过多,所以要求以自动滚屏方式显示所有商品,如图 6.1.1 和图 6.1.2 所示。

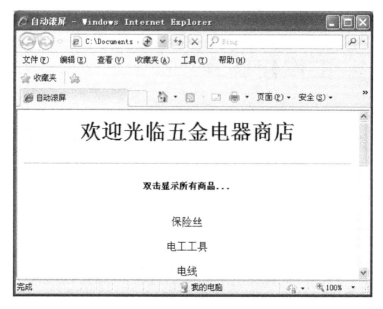

图 6.1.1 五金电器商店商品展示网页

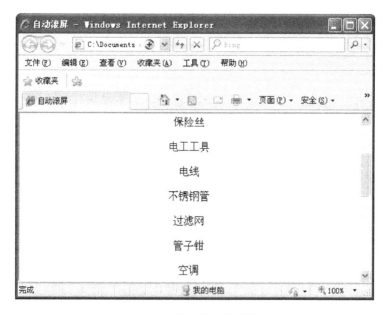

图 6.1.2 自动滚屏显示商品

6.1.2　主要原理

一、onDblClick 事件

当在页面中双击鼠标按键时，onDblClick 事件会被触发。该事件可以调用相应的函数作为其事件处理函数。

二、scroll 函数

window 对象的 scroll 方法用来改变滚动条的位置。

语法：scroll(x,y);

x 代表横向滚动条的位置，也就是控制左右位置，当为 0 时代表最左边，当为 document. body. scrollWidth 时代表最右边。

y 代表纵向滚动条的位置，也就是控制上下位置，当为 0 时代表最上面，当为 document. body. scrollHeight 时代表最下面。

6.1.3　工作步骤

打开 Dreamweaver CS3 应用程序，新建一个静态网页，保存为"gunping.htm"，代码如下：

```
<html>
<head>
 <meta http - equiv ="Content - Type" content ="text / html;
    charset = gb2312">
<title>自动滚屏</title>
<script language ="javascript">
<!--
var currentpos,timer;              //开始滚动函数,执行后网页开始滚动
function initialize()
{
timer = setTimeout("scrollwindow()",30);
                        //每隔30毫秒执行一次 scrollwindow() 函数
}
function stopscroll()  {
                    //停止滚动函数,执行该函数后停止网页滚动
clearInterval(timer);  }
    //清除 setTimeout 函数的句柄 timer,停止执行 scrollwindow() 函数
function scrollwindow()  {
```

```
        currentpos = document.body.scrollTop;
                    //得到当前滚动条顶端位置,请注意 scrollTop 的大小写
        window.scroll(0, ++ currentpos);
                    //将 currentpos 累加的值赋给 scroll 方法的第二个参数
        if (currentpos != document.body.scrollTop){
            stopscroll();
            //如果 currentpos 的值不等于当前滚动条的位置,则停止网页滚动
        }else{
            initialize();                                //否则继续网页的滚动
        }
}
document.ondblclick = initialize;
//双击左键执行 initialize,网页开始滚动,注意这里不同于一般调动函数的
//方法,这里函数名后不能有括号
document.onmousedown = stopscroll;              //单击左键停止网页的滚动
-->
</script>
</head>
<body>
<center>
    <h1>欢迎光临五金电器商店</h1>
    <hr>
    <br>
    <h5>双击显示所有商品...</h5>
    <br>
    <p>保险丝</p>
    <p>电工工具</p>
    <p>电线</p>
    <p>不锈钢管</p>
    <p>过滤网</p>
    <p>管子钳</p>
    <p>空调</p>
    <p>热机</p>
    <p>真空泵</p>
    <p>保险丝</p>
    <p>电工工具</p>
```

```
        <p>电线</p>
        <p>不锈钢管</p>
        <p>过滤网</p>
        <p>管子钳</p>
        <p>空调</p>
        <p>热机</p>
        <p>真空泵</p>
    </center>
    </body>
    </html>
```

保存后在浏览器中预览,如图 6.1.2 所示。

程序使用 document. onmousedown 来判断是否有鼠标按键被按下,当有鼠标按键按下时,该事件被触发,调用 stopscroll( )事件处理函数,对该事件进行处理。

在 stopscroll( )函数中调用 clearInterval 函数,清除 setTimeout 函数的句柄 timer,停止执行 scrollwindow( )函数。

程序使用 document. ondblclick 来判断是否有鼠标按键被按下,当有鼠标按键按下时,该事件被触发,调用 initialize( )事件处理函数,对该事件进行处理。

在 initialize( )函数中,使用 setTimeout( )方法延时调用 scrollwindow( )函数来实现自动滚屏。

使用 window. scroll(0, + + currentpos)语句,改变滚动条的位置。因为是垂直滚动,所以设置第一个参数为零。

6.2　实训任务

某网络公司签订了一项业务,要求制作一个五金电器商店的网页,为了给客户一个特别的印象,要求将主页做成如红色剧场幕布拉开一样,渐渐显示网页内容,如图 6.2.1 和图 6.2.2 所示。

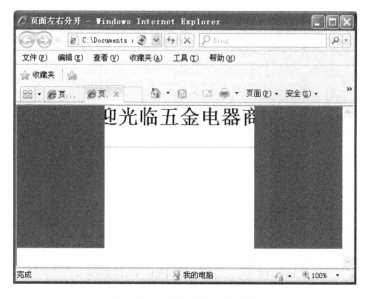

图 6.2.1　五金电器商店页面展开

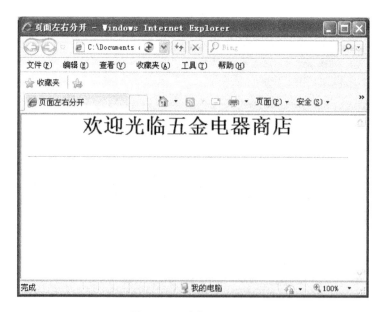

图 6.2.2　全部展开页面

工作任务七

创建一个五金电器商店跟随鼠标文字的特效网页

知识点

1. onMouseMove 事件。
2. setTimeout 函数。
3. clearTimeout 函数。

子任务

1. 创建一个五金电器商店跟随鼠标文字的特效网页。
2. 实训任务。

7.1　创建一个五金电器商店跟随鼠标文字的特效网页

7.1.1　工作任务

　　某网络公司签订了一项业务,要求为五金电器商店制作一个跟随鼠标文字的特效网页,要求页面出现一串在鼠标后面的文字"欢迎光临五金电器商店"(见图 7.1.1),当鼠标移动时,这些文字跟随鼠标移动并带有波动的效果。

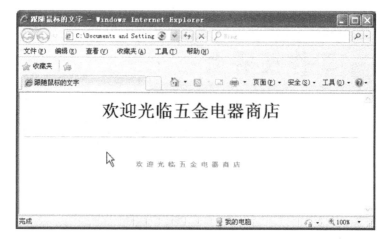

图 7.1.1　跟随鼠标文字

7.1.2　主要原理

一、onMouseMove 事件

当鼠标在页面上移动时,onMouseMove 事件会被触发。该事件可以调用相应的函数作为其事件处理函数。

二、setTimeout 函数

setTimeout 函数作用是暂停指定的毫秒数后执行指定的代码。

语法:`setTimeout(codes, interval);`

参数 :

(1) codes:代码段的字符串表示,或者是匿名函数、函数名。

(2) interval :等待的毫秒数(通常用于产生动画效果)。

setTimeout 函数返回值:setTimeout 函数的 ID 标识,每次调用 setTimeout 函数都会产生一个唯一的 ID,可以通过 clearTimeout 函数(此函数的参数接收一个 setTimeout 返回的 ID)暂停 setTimeout 函数还未执行的代码。

说明:通过 setTimeout 函数暂停一段时间后执行代码,可以实现一些特殊的效果。

三、clearTimeout 函数

clearTimeout 函数作用是取消指定的 setTimeout 函数将要执行的代码。

语法:`clearTimeout(id);`

参数:

(1)id:setTimeout 函数返回的 ID。

说明：如果还没有执行 setTimeout 函数中的代码，就调用了 clearTimeout 函数，那么就不会执行 setTimeout 函数中的代码了。

7.1.3　工作步骤

打开 Dreamweaver CS3 应用程序，新建一个静态网页，保存为"mouseword. htm"，代码如下：

```
<html>
<head>
 <meta http - equiv ="Content - Type" content ="text / html;
    charset = gb2312">
<title>跟随鼠标的文字</title>
<style type ="text/css">
<!--
<!--定义使用到的样式-->
.spanstyle
{
    position:absolute;
    visibility:visible;
    top: -50px;
    font - size:9pt;
    color: #FF6600;
    font - weight:bold;
}
-->
</style>
<script language ="javascript">
//设定参数
var x, y;                              //鼠标当前在页面上的位置
var step =20;   //字符显示间距,step =0 则字符显示没有间距,视觉效果差
var flag =0;
var message ="欢迎光临五金电器商店。";          //跟随鼠标要显示的字符串
message = message.split("");                    //分割字符串
var xpos = new Array();
for (i =0; i <=message.length -1; i ++) {
    xpos[i] = - 50;
```

```
    }
    var ypos = new Array();                          // 分割字符串
    for (i = 0; i <= message.length - 1; i ++) {
        ypos[i] = - 50;
    }
    function handlerMM(e){              // 函数:得到当前鼠标在页面中的位置
        x = (document.layers) ? e.pageX : document.body.scrollLeft
            + event.clientX;
        y = (document.layers) ? e.pageY : document.body.scrollTop +
            event.clientY;
        flag = 1;
    }
    function makesnake() {                    // 函数:产生跟随时的一种效果
        if (flag == 1 && document.all) {
            for (i = message.length - 1; i >= 1; i -- ) {
                xpos[i] = xpos[i - 1] + step;
// 从尾向头确定字符的位置,每个字符为前一个字符 "历史" 水平坐标 + step 间隔
                ypos[i] = ypos[i - 1];
                                    // 垂直坐标为前一字符的历史 "垂直" 坐标
            }
            xpos[0] = x + step;
            ypos[0] = y;
            for (i = 0; i < message.length - 1; i ++) {
                                    // 动态生成显示每个字符 span 标记
                var thisspan = eval("span" + (i) + ".style");
                thisspan.posLeft = xpos[i];
                thisspan.posTop = ypos[i];
            }
        } else if (flag == 1 && document.layers) {
            for (i = message.length - 1; i > = 1; i -- ) {
                xpos[i] = xpos[i - 1] + step;
                ypos[i] = ypos[i - 1];
            }
            xpos[0] = x + step;
            ypos[0] = y;
            for (i = 0; i < message.length - 1; i ++) {
```

```
        var thisspan = eval("document.span" + i);
        thisspan.left = xpos[i];
        thisspan.top = ypos[i];
      }
  }
  var timer = setTimeout("makesnake()", 30);
                    //使用 setTimeout 延时执行 makesnake 函数
}
</script>
</head>
<body onLoad = "makesnake();">
<center>
  <h1>欢迎光临五金电器商店</h1>
  <hr>
  <br>
</center>
<script language = "javascript">
for (i = 0; i <= message.length - 1; i ++) {
                    //创建跟随文字的各个标签
    document.write(" <span id = 'span" + i +"' class =
    'spanstyle'>");
    //使用 span 来标记字符,是为了方便使用 CSS,并可以自由的绝对定位
    document.write(message[i]);
    document.write("</span>");
}
if (document.layers) {
    document.captureEvents(Event.MOUSEMOVE);
}
document.onmousemove = handlerMM;
            //给 document 对象的 onmousemove 事件赋予 handlerMM 函数
</script>
</body>
</html>
```

保存后在浏览器中预览,如图 7.1.1 所示。

在源程序 <body> </body> 部分,使用 JavaScript 在页面中添加了一组 <span>,其中包含一个字符串,其 visibility 属性为 hidden,表示文字隐藏。

在程序的 <body> </body> 中,通过 document. onmousemove = handlerMM 语句,当鼠标发生移动时,调用 handlerMM 函数。

在 handlerMM 函数中,首先设置文字的 X 坐标,将其与鼠标位置坐标绑定,然后设置文字的 Y 坐标,同样将其与鼠标位置坐标绑定。这样,当鼠标坐标位置改变时,文字位置坐标随之改变,以达到文字跟随鼠标的效果。

7.2 实训任务

某网络公司签订了一项业务,要求为五金电器商店制作一个跟随鼠标图片的特效网页。为了重点推出五金电器商店的特色商品(见图 7.2.1),要求在页面中鼠标右下角始终出现这幅图片,当鼠标移动时该图像随鼠标移动,如图 7.2.2 所示。

图 7.2.1 特色商品

图 7.2.2 跟随鼠标图片

工作任务八

创建一个五金电器商店动态变换链接的特效网页

知识点

    1. onLoad 事件。

    2. innerHTML 属性。

子任务

    1. 创建一个五金电器商店动态变换链接的特效网页。

    2. 实训任务。

 8.1 创建一个五金电器商店动态变换链接的特效网页

8.1.1 工作任务

    某网络公司签订了一项业务,要求制作一个展示五金电器商店特色商品的网页,为了增强突出显示特色商品的效果,要求将电气产品和给水设备这两类特色商品的超链接进行动态变换显示,如图 8.1.1 和图 8.1.2 所示。

图 8.1.1 运行结果

图 8.1.2 超链接动态变换

8.1.2 主要原理

一、onLoad 事件

当在页面载入完成后,onLoad 事件会被触发。该事件可以调用相应的函数作为其事件处理函数。

二、innerHTML 属性

innerHTML 在指定对象开始和结束标签内插入 HTML 并清空原有HTML,

也可在原有基础上使用"+="方法增加内容,当然也可以用来提取指定对象内的内容。

8.1.3 工作步骤

打开 Dreamweaver CS3 应用程序,新建一个静态网页,保存为"lianjie. htm",代码如下:

```
<html>
<head>
<meta http-equiv="Content-Type" content="text/html; char-
  set=gb2312" />
<title>动态变换的链接</title>
</head>
<style>
#subtickertape {
    background-color:000000;
    border: 0px solid;
    width:110;
    height:20;
    font-family:"宋体";
    font-size:14px
}
.subtickertapefont {
    font:bold 14px "宋体";
    text-decoration:none;
    color:aaaaaaa;
}
;
.subtickertapefont a {
    color:ffffff;
    text-decoration:none;
    font-family:"宋体";
    font-size: 14px
}
</style>
<body onLoad="if(document.all){regenerate2();update()}">
```

```
<center>
  <h1>欢迎光临五金电器商店</h1>
  <hr>
  <br>
  <h5>商品如下...</h5>
  <br>
  <br>
  <div id="tickertape">
<div id="subtickertape" class="subtickertapefont"></div>
  </div>
</center>
<script language="javascript">
var speed=2000;                        //更新的速度为2秒
var news=new Array();                  //定义矩阵
news[0]="<a href='#'>电气产品</a>";
                                       //第一条链接
news[1]="<a href='#'>给水设备</a>";
                                       //第二条链接
i=0;
document.all tickerobject=document.all.subtickertape.style;
                                       //对于IE浏览器
function regenerate2(){
    setTimeout("window.onresize=regenerate2",450);
}
function update(){
    BgFade(0xff,0xff,0xff, 0x00,0x00,0x00,10);
                                       //动态显示颜色变化
    document.all.subtickertape.innerHTML=news[i];
                                       //显示第i条链接
    if(i<news.length-1)
      i++;
    else
      i=0;                             //循环显示
    setTimeout("update()",speed);
                                       //按照设定的速度周期调用update函数
}
```

```
function BgFade(red1, grn1, blu1, red2,grn2, blu2, steps){
    sred = red1; sgrn = grn1; sblu = blu1;
                                        //变量的传递
    ered = red2; egrn = grn2; eblu = blu2;
                                        //变量的传递
    inc = steps;                        //变量的传递
    step = 0;                           //变量赋值
    RunFader();                         //调用 RunFader 函数
}
function RunFader(){                     //动态的显示颜色的渐进变化效果
var epct = step/inc;                    //颜色变化的参量
var spct = 1 - epct;                    //颜色变化的参量
tickerobject.backgroundColor = Math.floor(sred * spct + ered *
    epct) * 256 * 256 + Math.floor(sgrn * spct + egrn * epct) * 256 +
    Math.floor(sblu * spct + eblu * epct);
if(step < inc){
    setTimeout('RunFader()',50);
}                                       //周期性的变化颜色
    step ++;
}
</script>
</body>
</html>
```

保存后在浏览器中预览,如图 8.1.1 和图 8.1.2 所示。

　　程序首先建立了一组层,每个层都有各自的唯一标识符 ID,方便以后调用。

　　在 < body > </ body > 中添加 onLoad 事件,并绑定脚本语句。当页面载入以后就执行绑定的事件脚本。

　　在 update() 函数中,首先调用 BgFade() 函数来动态显示颜色变化。然后使用 subtickertape. innerHTML = news[i]语句,将原有超链接进行替换。最后通过 setTimeout("update()",speed)语句,按照设定的速度周期调用 update()

函数。这样便实现了自动动态变换的效果。

其中在将原有超链接进行替换的时候使用的[ ]符号,可以用来直接创建一个数组,也可以跟在数组对象后调用数组的某个元素。

8.2 实训任务

某网络公司签订了一项业务,要求制作一个展示五金电器商店特色商品的网页,为了增强突出显示特色商品的效果,要求将本店的特色商品——给水设备的超链接设置成不断闪动显示,超链接的颜色会随着时间的变动而不停地闪动,如图 8.2.1 所示。

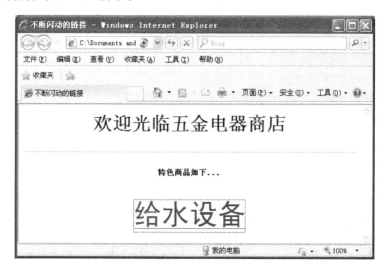

图 8.2.1 运行结果

工作任务九

创建一只小鸟飞起来的动态效果的网页

知识点

1. setInterval 内置函数。
2. clearInterval 内置函数。

子任务

1. 创建一只小鸟飞起来的动态效果的网页。
2. 实训任务。

9.1　创建一只小鸟飞起来的动态效果的网页

9.1.1　工作任务

某网络公司签订了一项业务,要求制作一个网页实现一只小鸟飞起来的动态效果。首先准备好两幅小鸟的飞行姿态图,如图 9.1.1 和图 9.1.2 所示,要求通过脚本编程在不同的位置放上相应的小鸟的飞行姿态图,来实现小鸟飞起来的动态效果。

图9.1.1　小鸟下行图片　　　　　图9.1.2　小鸟上行图片

9.1.2　主要原理

一、setInterval 内置函数

window. setInterval( )功能:按照指定的周期(以毫秒计)来调用函数或计算表达式。

语法:`setInterval(codes, interval);`

(1) codes:代码段的字符串表示,或者是匿名函数、函数名。

(2) interval :间隔的毫秒数。

返回值:setInterval 函数的 ID 标识,每次调用 setInterval 函数都会产生一个唯一的 ID,可以通过 clearInterval 函数(此函数的参数接收一个 setInterval 返回的 ID)暂停 setInterval 函数。

说明:setInterval( )方法会不停地调用函数,直到用 clearInterval( )终止定时或窗口被关闭。

二、clearInterval 内置函数

window. clearInterval( )功能:取消由 setInterval( )方法设置的定时器。

语法:`clearInterval(id_of_setinterval);`

id_of_setinterval:由 setInterval( )返回的 ID 值,该值标识了一个 setInterval 定时器,也就是 window. setInterval( )返回的就是 window. clearInterval 的参数。

9.1.3　工作步骤

打开 Dreamweaver CS3 应用程序,新建一个静态网页,保存为"ThreeBirds-Animated. htm",在标记 < body >与</ body >之间插入下列代码:

```
< script type ="text /javascript" >
var up = new Image( );                    //创建一个图像对象
up.src ="up.gif";
//指定图像的名称和路径,这里图像与 htm 文档位于同一路径,所以图像前面的
    //路径可省略
var down = new Image( );
down.src ="down.gif";
flightPosition =1;
                              //用于存放小鸟的位置,本例中有 3 个位置


function flap( ) {
                    //自定义函数:通过样式表改变小鸟的位置,实现小鸟飞行
var birdTag = document.getElementById("bird");
if ( flightPosition ==1) {
    document.images[0].src = up.src;
    birdTag.style.left ="40px";   //小鸟在屏幕上的 X 坐标
    birdTag.style.top ="200px";   //小鸟在屏幕上的 Y 坐标
    flightPosition =2;
}
else if ( flightPosition ==2) {
    document.images[0].src = down.src;
    birdTag.style.left ="250px";
    birdTag.style.top ="80px";
    flightPosition =3;
}
else if ( flightPosition ==3) {
    document.images[0].src = up.src;
    birdTag.style.left ="480px";
    birdTag.style.top ="10px";
    flightPosition =1;
}
}
< /script >
<p > < img src ="up.gif" id ="bird" style ="position: absolute;
  left: 40px;
 top: 200px" alt ="Image of a bird" height ="218" width ="200" /> < /p >
```

```
< form action ="" >
< p >
< input type ="button" value ="开始飞行" onclick =
"startFlying = setInterval('flap()',500);" />
//setInterval(参数1,参数2)是javascript内置函数,是一种间隔
    //计时器,参数1是要执行的代码或函数;参数2是时间,单位为毫秒,
    //功能是:每隔多少毫秒执行一次参数1
< input type ="button" value ="停止飞行" onclick =
            "clearInterval(startFlying);" />
//clearInterval(参数)是javascript内置函数,功能是清除间隔计时器
< /p >
< /form >
```

保存后在浏览器中预览,如图9.1.3所示。

图9.1.3　运行结果

单击【开始飞行】按钮,小鸟会在三个不同位置出现,实现了飞行的效果,如图9.1.4所示。

图 9.1.4　小鸟飞行效果

9.2　实训任务

　　某网络公司签订了一项业务,要求制作一个网页实现一架飞机飞行的动态效果,首先准备好 14 幅飞机飞行的姿态图,如图 9.2.1 所示。通过脚本编程在不同的位置放上相应的飞机的飞行姿态图来实现飞机的飞行,如图 9.2.2所示。

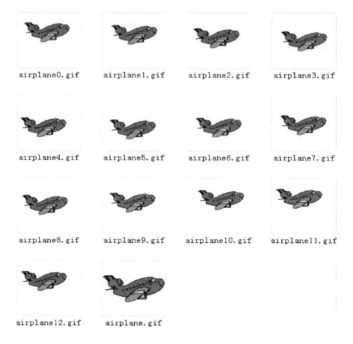

图 9.2.1　飞机飞行姿态图

图 9.2.2　飞机飞行效果

附录一

实训任务代码参考

3.4　实训任务代码

打开 Dreamweaver CS3 应用程序，新建一个静态网页，保存为"作业3. htm"，在标记 < body > 与 </ body > 之间插入下列代码：

```
<html >
<head >
<meta http-equiv ="Content-Type" content ="text/html; char-
    set =gb2312" >
<title >三个数的自动出题加法器 </title >
</head >
<body >
<div align =center >
<form name ="frm" >
三个数的自动出题加法器 <p >
 <input type ="text" name ="s1" size =4 > +
 <input type ="text" name ="s2" size =4 > +
 <input type ="text" name ="s3" size =4 > =
 <input type ="text" name ="s" size =4 readonly >
 <input type ="button" value ="开始计算" onclick ="js()" >
 <input type ="button" value ="重新出题" onclick ="cxct()" >
</form >
</div >
<script language ="javascript" >
```

```
document.frm.s1.value = parseInt(100 * Math.random());
document.frm.s2.value = parseInt(100 * Math.random());
document.frm.s3.value = parseInt(100 * Math.random());
function cxct() {
 document.frm.s1.value = parseInt(100 * Math.random());
 document.frm.s2.value = parseInt(100 * Math.random());
 document.frm.s3.value = parseInt(100 * Math.random());
 document.frm.s.value = "";
}
function js() {
    document.frm.s.value =
    parseFloat(document.frm.s1.value) + parseFloat(document.
     frm.s2.value) + parseFloat(document.frm.s3.value)
}
</script>
</body>
</html>
```

保存后在浏览器中预览。

 ## 4.5　实训任务代码

打开 Dreamweaver CS3 应用程序,新建一个静态网页,保存为"question-naire.htm",在标记 < body > 与 </ body > 之间插入下列代码:

```
<form name = "frm" action = "" method = "post">
<table border = "1" align = "center" cellpadding = "3" cellspacing
   = "1">
  <caption>
    <font size = "5"> <b>网上调查页面</b> </font> <br>
    <br>
  </caption>
  <tr>
    <td colspan = "5" align = "center">对文化的贡献度</td>
    </tr>
```

```html
<tr>
  <td align="center">政治素养</td>
  <td align="center">大局意识</td>
  <td align="center">群众意识</td>
  <td align="center">廉洁自律</td>
  <td align="center">责任意识</td>
</tr>
<tr>
  <td align="center">
   <select name="xz">
    <option value="请选择">请选择</option>
    <option value="较差">较差</option>
    <option value="一般">一般</option>
    <option value="良好">良好</option>
    <option value="优秀">优秀</option>
   </select>    </td>
  <td align="center">
   <select name="xz">
    <option value="请选择">请选择</option>
    <option value="较差">较差</option>
    <option value="一般">一般</option>
    <option value="良好">良好</option>
    <option value="优秀">优秀</option>
   </select>    </td>
  <td align="center">
   <select name="xz">
    <option value="请选择">请选择</option>
    <option value="较差">较差</option>
    <option value="一般">一般</option>
    <option value="良好">良好</option>
    <option value="优秀">优秀</option>
   </select>    </td>
  <td align="center">
   <select name="xz">
    <option value="请选择">请选择</option>
    <option value="较差">较差</option>
```

```
          < option value ="一般" > 一般 < /option >
          < option value ="良好" > 良好 < /option >
          < option value ="优秀" > 优秀 < /option >
         < /select >      < /td >
       < td align ="center" >
        < select name ="xz" >
        < option value ="请选择" > 请选择 < /option >
        < option value ="较差" > 较差 < /option >
        < option value ="一般" > 一般 < /option >
        < option value ="良好" > 良好 < /option >
        < option value ="优秀" > 优秀 < /option >
         < /select >      < /td >
     < /tr >
     < tr >
       < td colspan ="5" align ="center" >对业务的贡献度 < /td >
        < /tr >
     < tr >
       < td align ="center" >专业领域知识 < /td >
       < td align ="center" >业务实践经验 < /td >
       < td align ="center" >业务实践能力 < /td >
       < td align ="center" >对下属的专业指导能力 < /td >
       < td rowspan ="2" align ="center" >  < /td >
     < /tr >
     < tr >
       < td align ="center" >
        < select name ="xz" >
        < option value ="请选择" > 请选择 < /option >
        < option value ="较差" > 较差 < /option >
        < option value ="一般" > 一般 < /option >
        < option value ="良好" > 良好 < /option >
        < option value ="优秀" > 优秀 < /option >
         < /select >      < /td >
       < td align ="center" >
        < select name ="xz" >
        < option value ="请选择" > 请选择 < /option >
        < option value ="较差" > 较差 < /option >
```

```
          <option value="一般">一般</option>
          <option value="良好">良好</option>
          <option value="优秀">优秀</option>
        </select>        </td>
      <td align="center">
       <select name="xz">
         <option value="请选择">请选择</option>
         <option value="较差">较差</option>
         <option value="一般">一般</option>
         <option value="良好">良好</option>
         <option value="优秀">优秀</option>
        </select>        </td>
      <td align="center">
       <select name="xz">
         <option value="请选择">请选择</option>
         <option value="较差">较差</option>
         <option value="一般">一般</option>
         <option value="良好">良好</option>
         <option value="优秀">优秀</option>
        </select>        </td>
      </tr>
    <tr>
      <td colspan="5" align="center">对管理的贡献度</td>
      </tr>
    <tr>
      <td align="center">计划管理能力</td>
      <td align="center">沟通协调能力</td>
      <td align="center">创新能力</td>
      <td align="center">团队建设能力</td>
      <td align="center">问题解决能力</td>
    </tr>
    <tr>
      <td align="center">
       <select name="xz">
         <option value="请选择">请选择</option>
         <option value="较差">较差</option>
```

```
          <option value ="一般">一般</option>
          <option value ="良好">良好</option>
          <option value ="优秀">优秀</option>
       </select>        </td>
     <td align ="center">
       <select name ="xz">
        <option value ="请选择">请选择</option>
        <option value ="较差">较差</option>
        <option value ="一般">一般</option>
        <option value ="良好">良好</option>
        <option value ="优秀">优秀</option>
       </select>        </td>
     <td align ="center">
       <select name ="xz">
        <option value ="请选择">请选择</option>
        <option value ="较差">较差</option>
        <option value ="一般">一般</option>
        <option value ="良好">良好</option>
        <option value ="优秀">优秀</option>
       </select>        </td>
     <td align ="center">
       <select name ="xz">
        <option value ="请选择">请选择</option>
        <option value ="较差">较差</option>
        <option value ="一般">一般</option>
        <option value ="良好">良好</option>
        <option value ="优秀">优秀</option>
       </select>        </td>
     <td align ="center">
       <select name ="xz">
        <option value ="请选择">请选择</option>
        <option value ="较差">较差</option>
        <option value ="一般">一般</option>
        <option value ="良好">良好</option>
        <option value ="优秀">优秀</option>
       </select>        </td>
```

```
    </tr >
    <tr >
      <td colspan ="5" align ="center" >你的个人意见 </td >
      </tr >
    <tr >
      <td colspan ="5" align ="center" >
       < textarea rows ="4" cols ="60" style ="width:100% ;" >
          </textarea >     </td >
      </tr >
    <tr >
      <td colspan ="5" align ="center" >综合评价
         </td >
      </tr >
    <tr >
      <td colspan ="5" align ="center" nowrap >
          < input type ="radio" name ="pj" >
        较差,不能胜任所任职位;
            < input type ="radio" name ="pj" >
        一般,勉强胜任所任职位;
         < input type ="radio" name ="pj" >
        良好,基本胜任所任职位;
         < input type ="radio" name ="pj" >
        优秀,胜任所任职位; </td >
      </tr >
    <tr >
      <td   colspan ="5" align ="center" >
         < input type ="button" name ="a1" id ="a1" value ="   提交答
         卷   " onclick ="ch()" >     </td >
      </tr >
</table >
</form >
<script language ="javascript" >
 function ch() {                    //自定义函数
    if (document.frm.xz[0].value =="请选择") {
alert("政治素养没有评价!");document.frm.xz[0].focus();}
else if (document.frm.xz[1].value =="请选择") {
```

```
   alert("大局意识没有评价!");document.frm.xz[1].focus();}
else if (document.frm.xz[2].value =="请选择") {
 alert("群众意识没有评价!");document.frm.xz[2].focus();}
else if (document.frm.xz[3].value =="请选择") {
alert("廉洁自律没有评价!");document.frm.xz[3].focus();}
else if (document.frm.xz[4].value =="请选择") {
alert("责任意识没有评价!");document.frm.xz[4].focus();}
else if (document.frm.xz[5].value =="请选择") {
alert("专业领域知识没有评价!");document.frm.xz[5].focus();}
else if (document.frm.xz[6].value =="请选择") {
alert("业务实践经验没有评价!");document.frm.xz[6].focus();}
else if (document.frm.xz[7].value =="请选择") {
alert("业务实践能力没有评价!");document.frm.xz[7].focus();}
else if (document.frm.xz[8].value =="请选择") {
 alert("对下属的专业指导能力没有评价!");document.frm.xz[8].
  focus();}
else if (document.frm.xz[9].value =="请选择") {
 alert("计划管理能力没有评价!");document.frm.xz[9].focus();}
else if (document.frm.xz[10].value =="请选择") {
alert("沟通协调能力没有评价!");document.frm.xz[10].focus();}
else if (document.frm.xz[11].value =="请选择") {
alert("创新能力没有评价!");document.frm.xz[11].focus();}
else if (document.frm.xz[12].value =="请选择") {
alert("团队建设能力没有评价!");document.frm.xz[12].focus();}
else if (document.frm.xz[13].value =="请选择") {
alert("问题解决能力没有评价!");document.frm.xz[13].focus();}
else {
   a = document.frm.pj.length;
   fl = 0;
   for ( i = 0 ; i < a ; i = i +1) {     //循环语句
   if (document.frm.pj[i].checked) {
     fl = 1
     break;
   }
}
if ( fl ==0) alert("综合评价还没有评!");
```

```
        }
    }
</script>
```

保存后在浏览器中预览。

5.2　实训任务代码

打开 Dreamweaver CS3 应用程序,新建一个静态网页,保存为"hardware1.
htm",在标记 < head > 与 < / body > 之间插入下列代码:

```
<head>
<title>五金电器商店滑动菜单</title>
<style type="text/css">
body { font - family: Tahoma }
table { background - color: aqua; border - style: solid; border -
 width: thin; border - color: black }
a.noDecor { text - decoration: none; color: black }
table.noShow {border - style: none }
table.navMenu { left: -134px; position:relative }
//position 为 relative 表示相对定位,left 表示表格的 X 坐标
</style>
<script type="text/javascript">
var curPosition = -100;
var curMenu ="electrical";
var slider;
function showMenu(selectedMenu) {
            //自定义函数:实现菜单从左向右慢慢滑出
    clearInterval(slider);
    curMenu = document.getElementById(selectedMenu);
    slider = setInterval("show()", 10);
            //setInterval()内置间隔时间定时器
}
function show() {
            //自定义函数:具体实现菜单从左向右慢慢滑出
```

```
    if (curPosition < -12) {
        curPosition = curPosition + 2;
        curMenu.style.left = curPosition + "px";
    }
}
function hideMenu(selectedMenu) {
            //自定义函数:实现菜单从右向左慢慢消失
    clearInterval(slider);
     curMenu = document.getElementById(selectedMenu);
    slider = setInterval("hide()", 10);
}
function hide() {
            //自定义函数:具体实现菜单从右向左慢慢消失
    if (curPosition > -134) {
        curPosition = curPosition - 2;
        curMenu.style.left = curPosition + "px";
    }
}
</script>
</head>
<body>
<div align = center >
<h1 >五金电器商店 </h1 >
<p >使用菜单找到你想要的…</p > </div >
<table width = "150px" class = "navMenu" id = "electrical"
onmouseover = "showMenu('electrical')"
onmouseout = "hideMenu('electrical')" >
<tr >
<td > </td >
<td rowspan = "4" align = "right" valign = "center" >
    <img src = "electrical.gif" height = "65" width = "19"
alt = "Vertical text that reads 'Electrical'" /> </td >
</tr >
<tr >
<td >   < a href = "javascript:void(0)" >保险丝 </a >
    </td >
```

```
</tr>
<tr>
<td>  <a href="javascript:void(0)">电工工具</a>
   </td>
</tr>
   <tr>
<td>  <a href="javascript:void(0)">电线</a>
   </td>
</tr>
</table>
<p>
<table width="150px" class="navMenu" id="plumbing"
  onmouseover="showMenu('plumbing')" onmouseout="hideMenu
   ('plumbing')">
<tr>
<td></td>
   <td rowspan="4" align="right" valign="center">
     <img src="plumbing.gif" height="71" width="20"
alt="Vertical text that reads 'Plumbing'" /></td>
</tr>
<tr>
<td>  <a href="javascript:void(0)">不锈钢管</a>
   </td>
</tr>
<tr>
<td>  <a href="javascript:void(0)">过滤网</a>
   </td>
</tr>
<tr>
<td>  <a href="javascript:void(0)">管子钳</a>
   </td>
</tr>
</table>
```

保存后在浏览器中预览。

6.2 实训任务代码

打开 Dreamweaver CS3 应用程序,新建一个静态网页,保存为"fenye. htm",代码如下:

```
<html>
<head>
<meta http-equiv="Content-Type" content="text/html; char-
    set=gb2312">
<title>页面左右分开</title>
<style>
<!--
<!-- 定义使用到的 CSS 样式 -->
.intro{
    position:absolute;
    left:0;
    top:0;
    layer-background-color:red;
    background-color:red;
    border:0.1px solid red
}
.pt9{
    font-family:"宋体";
    font-size: 9pt;
    text-decoration: none
}
body{
    font-family:"宋体";
    font-size: 9pt;
    text-decoration: none;
    margin-top: 0px
}
    -->
```

```
</style>
</head>
<body onLoad="gogo();">
<center>
    <h1>欢迎光临五金电器商店</h1>
    <hr>
    <br>
    <h4></h4>
</center>
<!-- 显示效果需要用到的两个层 -->
<div id="i1" class="intro"></div>
<div id="i2" class="intro"></div>
<script language="javascript">
<!--
//声明全局变量
var speed=20
var temp=new Array()
var temp2=new Array()
if(document.layers){              //如果不是 IE 浏览器
    for(i=1;i<=2;i++){
        temp[i]=eval("document.i"+i+".clip")
                                  //得到层的 clip
        temp2[i]=eval("document.i"+i)
                                  //得到层
        temp[i].width=window.innerWidth/2
                                  //宽度为一半
        temp[i].height=window.innerHeight
                                  //高度为一半
        temp2[i].left=(i-1)*temp[i].width
    }
} else if(document.all){          //如果是 IE 浏览器
    var clipright=document.body.clientWidth/2,clipleft=0
    for(i=1;i<=2;i++){
        temp[i]=eval("document.all.i"+i+".style")
                                  //得到层样式属性
        temp[i].width=document.body.
```

```
                    clientWidth/2
                                          //宽度为一半
            temp[i].height = document.body.offsetHeight
                                          //高度为一半
            temp[i].left = (i -1) * parseInt(temp[i].width)
        }
    }
    function openit()              //函数:页面从中间打开
    {
        window.scrollTo(0,0)
        if (document.layers){      //如果不是 IE 浏览器
            temp[1].right -= speed //右边减
            temp[2].left += speed  //左边加
            if (temp[2].left > window.innerWidth/2)
                                   //如果宽度已经超过一半
                clearInterval(stopit)
                                   //停止执行函数
        } else if (document.all){  //如果是 IE 浏览器
            clipright - = speed
            temp[1].clip ="rect(0 "+clipright +" auto 0)"
            clipleft + = speed
            temp[2].clip ="rect(0 auto auto "+clipleft +")"
            if (clipright <=0)     //如果右边层的宽度已经小于0
                clearInterval(stopit)
                                   //停止执行函数
        }
    }
    function gogo(){
        stopit = setInterval("openit()",100)
                                   //每100 毫秒执行一次 openit 函数
    }
    // -->
    </script>
    </body>
    </html>
```
保存后在浏览器中预览。

7.2　实训任务代码

打开 Dreamweaver CS3 应用程序,新建一个静态网页,保存为"mousepic-ture. htm",代码如下:

```
<html>
<head>
<meta http-equiv ="Content-Type" content ="text/html; char-
   set =gb2312">
<title>跟随鼠标的图片</title>
<!-- 以下代码是设定 smile 的代码 -->
<script language ="javascript">
var newtop =0;
var newleft =0;
if (navigator.appName == "Netscape") {
//对于 Netscape 浏览器
   layerStyleRef ="layer.";
   layerRef ="document.layers";
   styleSwitch ="";
} else {
//对于 IE 浏览器
   layerStyleRef ="layer.style.";
   layerRef ="document.all";
   styleSwitch =".style";
}
function doMouseMove() {
//设置必要的参数
   layerName ='hh';
   eval('var curElement =' +layerRef +'["' +layerName +'"]');
   eval( layerRef +'["' +layerName +'"]' +styleSwitch +'.visi-
      bility ="hidden"');
   eval('curElement' +styleSwitch +'.visibility ="visible"');
   eval('newleft = document.body.clientWidth - curElement' +
```

```
        styleSwitch +'.pixelWidth');
    eval('newtop = document.body.clientHeight - curElement' +
        styleSwitch +'.pixelHeight');
    eval('height = curElement' + styleSwitch +'.height');
    eval('width = curElement' + styleSwitch +'.width');
    width = parseInt(width);
    height = parseInt(height);
    //设置图片的 X 坐标,将其与鼠标位置坐标绑定
      if ( event.clientX > ( document.body.clientWidth - 5 -
        width)){
          newleft = document.body.clientWidth + document.body.
            scrollLeft -5 - width;
      } else {
          newleft = document.body.scrollLeft + event.clientX;
      }
    eval('curElement' + styleSwitch +'.pixelLeft = newleft');
    //设置图片的 Y 坐标,将其与鼠标位置坐标绑定
      if ( event.clientY > ( document.body.clientHeight - 5 -
        height)){
          newtop = document.body.clientHeight + document.body.
            scrollTop -5 - height;
      } else {
          newtop = document.body.scrollTop + event.clientY;
      }
    eval('curElement' + styleSwitch +'.pixelTop = newtop');
}
document.onmousemove = doMouseMove;
//调用 doMouseMove()函数
</script>
</head>
<body>
<center>
  <h1>欢迎光临五金电器商店</h1>
  <hr>
  <br>
</center>
```

```
<! -- 以下代码是设定此页的鼠标样式代码 -->
< script language ="javascript" >
if (navigator.appName == "Netscape") {
} else {
    document.write('< div ID = OuterDiv >');
    document.write('< img ID = hh src ="7_2.gif" STYLE ="posi-
tion:absolute;TOP:5pt;LEFT:5pt;Z - INDEX:10;visibility:hidden;" >');
    document.write('< /div >');
}
< /script >
< /body >
< /html >
```

保存后在浏览器中预览。

8.2 实训任务代码

打开 Dreamweaver CS3 应用程序，新建一个静态网页，保存为"lianjie1.
htm"，代码如下：

```
< html >
< head >
< meta http - equiv ="Content - Type" content ="text/html; char-
    set =gb2312" />
< title >不断闪动的链接 < /title >
< script language ="JavaScript" >
<! --
function initArray() {              //定义闪烁的颜色变化顺序
    for (var i =0; i < initArray.arguments.length; i ++) {
                              //循环变量初始化和依次递加
        this[i] = initArray.arguments[i];
                              //变量赋值
    }
    this.length = initArray.arguments.length;
                          //记录颜色数组的长度
```

```
                }
        var colors = new initArray(
        "#000000","#0000FF","#80FFFF","#80FF80","#FFFF00","#FF8000",
         "#FF00FF","#FF0000"
        );                                    //以下为变幻时的颜色
        delay = 100                           //定义每种颜色闪烁的时间
        link = 0;                             //初始化循环变量
        vlink = 0;
        function linkDance( ) {
            link = (link + 1)% colors.length;
            vlink = (vlink + 1)% colors.length;
                                    //通过取整运算实现循环
            document.linkColor = colors[link];
            document.vlinkColor = colors[vlink];
        //将颜色取值分别赋给链接颜色和下划线颜色数组
            setTimeout("linkDance( )",delay);
                                    //延迟 delay 的时间长度
        }
        -->
        </script>
        </head>
        <body onLoad = "linkDance( )">
        <center>
            <h1>欢迎光临五金电器商店</h1>
            <hr>
            <br>
            <h5>特色商品如下…</h5>
            <br>
            <p align ="center"><font size ="10" face ="黑体"><a href =
               "#" target ="_blank">给水设备</a></font></p>
        </center>
        </body>
        </html>
```

保存后在浏览器中预览。

9.2 实训任务代码

打开 Dreamweaver CS3 应用程序,新建一个静态网页,保存为"PrivatePi-lot1.htm",在标记<body>与</body>之间代码用下列代码替换:

```
<body>
<script type="text/javascript">
    i=40;
    j=200;
    fl=1
    function fly(){
                    //自定义函数:每调用一次,更改图片位置,实现飞行
        if(i==500) i=40;
        else   i=i+2;
        if(j==50) fl=2;
        if(j==150) fl=1;
        if(fl==1) j=j-2;
        else   j=j+2;
        document.getElementById("t").style.left=i;
        document.getElementById("t").style.top=j;
    }
</script>
<table border="0" width="400" align="center">
  <tr>
    <td align="center" nowrap style="font-size:20px; font-
      family:华文中宋;">
    让飞机动起来
     <input type="button" value="开始飞行" onclick=
       "fx=setInterval('fly()',50)"   >
     //按钮单击事件,触发间隔定时器,每隔50毫秒调用一次自定义函数
     <input type="button" value="停止飞行" onclick="clear-
       Interval(fx)">
     //按钮单击事件,清除触发间隔定时器
```

```
        </td>
     </tr>
     </table>
     <img id=t src="airplane0.gif" height="124" width="191" style
        ="position: absolute; left: 40px; top: 150px" />
     </body>
```

保存后在浏览器中预览。

 **附录二**

常见事件及说明

在 JavaScript 中，事件是预先定义好的、能够被对象识别的动作，如单击（Click）事件、双击（DblClick）事件、装载（Load）事件、鼠标移动（Mouse-Move）事件等，不同的对象能够识别不同的事件。当事件发生时，JavaScript 将检测两条信息，即发生的是哪种事件及哪个对象接收了事件。常用事件如附表 2.1 所示。

附表 2.1　常见事件及说明

事件名称	说　明
onclick	鼠标单击时触发此事件
ondblclick	鼠标双击时触发此事件
onmousedown	按下鼠标时触发此事件
onmouseup	鼠标按下后松开鼠标时触发此事件
onmouseover	当鼠标移动到某对象范围的上方时触发此事件
onmousemove	鼠标移动时触发此事件
onmouseout	当鼠标离开某对象范围时触发此事件
onkeypress	当键盘上的某个键被按下并且释放时触发此事件
onkeydown	当键盘上某个按键被按下时触发此事件
onkeyup	当键盘上某个按键被按下放开时触发此事件
onerror	出现错误时触发此事件
onload	页面内容完成时触发此事件
onmove	浏览器的窗口被移动时触发此事件
onresize	当浏览器的窗口大小被改变时触发此事件

续表

事件名称	说　明
onscroll	浏览器的滚动条位置发生变化时触发此事件
onunload	当前页面将被改变时触发此事件
onblur	当前元素失去焦点时触发此事件
onchange	当前元素失去焦点并且元素的内容发生改变而触发此事件
onfocus	当某个元素获得焦点时触发此事件
onreset	当表单中的 RESET 属性被激发时触发此事件
onsubmit	一个表单被提交时触发此事件
oncontextmenu	当浏览者按下鼠标右键出现菜单时或者通过键盘的按键触发页面菜单时触发此事件

附录三

JavaScript 的常用对象与内置函数

这里列出了 JavaScript 中的常用内置对象的方法和属性,以便读者需要时查阅。

1. eval(x)

功能:eval 方法对参数 x 进行计算,主要针对数字型数据。

参数:x,一个合法的 JavaScript 表达式。

返回:经过计算得到的值或者对象。

实例:

```
eval(3 +4);        //返回 7
eval("3" +"4");    //返回 34
```

2. parseInt(string)

功能:将数字型的字符串转化为整型数字。

参数:string,一个可以被解析成整型数字的字符串。

返回:整型数字。

实例:

```
parseInt("3");     //返回 3
parseInt("3.14");  //返回 3(小数位将被忽略,不进行 4 舍 5 入)
parseInt("3A");    //返回 3
```

3. parseFloat(string)

功能:返回参数 string 所表示的十进制数值。

参数:string,可以被分析为十进制数字的字符串。

返回:string 所表示的十进制值。

实例:

```
parseFloat("3.2");     //返回 3.2
parseFloat("3.14a");   //返回 3.14
```

4. isNaN(number)

功能：判断参数 number 的值是不是数字型。

参数：number,数字值。

返回：如果参数是数字型,则返回 false,否则返回 true。

实例：

```
isNaN("3.2");      //返回 false
isNaN("3.14a");    //返回 true
isNaN("a");        //返回 true
```

5. Array 构造函数

如果 Array 构造函数被以方法方式而不是构造函数的方式调用,则建立一个新的 Array 对象。因此使用相同参数调用 Array(…)与调用 new Array(…)的效果等同。

（1）new Array([item0 [, iteml[,…]]])

功能：新建并初始化新建的对象。新建对象的 length 属性初始为参数的个数。新建对象的 0 属性为 item0,1 属性为 item1,依次类推。

参数：item0 等,新建数组中各数组元素的值。

返回：新建的数组对象。

实例：

```
new Array(1,2,3);
new Array(1, "abc",3);
```

（2）new Array(len)

功能：新建一个长度为 len 的数组对象,对象的 Class 属性初始为"Array"。新建对象的 length 属性为 len。

参数：len,新建数组对象的长度。

返回：新建的数组对象。

实例：

```
new Array(4);
new Array(5);
```

（3）Array 实例对象方法

toString()

功能：返回该对象的字符串表示。

返回：该对象的字符串表示。

实例:
```
x = new Array(1, "abc",3);
y = x.toString();
```

6. concat([item1[, item2[…]]])

功能:新建一个 Array 对象,对象中元素为原对象中各元素加 concat 方法的参数。concat 方法的 length 属性为 1。

参数:item1 等,将添加到新建对象中的元素。

返回:新建的 Array 对象。

实例:
```
x = new Array(1, "abc",3);
y = x. concat (4,5,6);
// 此时的 y 的数组元素为:1,"abc",3,4,5,6
```

7. join(separator)

功能:得到对象的字符串表示。数组元素将被转化成相应的字符串表示,并以 separator 所指定的间隔符连接起来,形成对象的字符串表示。join 方法的 length 属性为 1。

参数:separator,连接各元素字符串表示的间隔符。

返回:元素字符串表示与 separator 连接形成的对象字符串表示。

实例:
```
x = new Array(1, "abc",3);
y = x. join(" - ");
// 此时的 y 的数组元素为:1 - "abc" - 3 - 4 - 5 - 6
```

8. pop()

功能:删除数组对象的最后一个元素并返回。

返回:被删除的最后一个元素。如果调用本方法前数组中没有元素,则返回 undefined。

实例:
```
x = new Array(1, "abc",3);
y = x.pop();
// 此时的 x 的数组元素为:1,"abc",而 y 的值是 3
```

9. push([item1[, item2[…]]])

功能:将本方法参数中所指定的元素添加到数组对象中。新添加的元素将按照出现顺序添加到数组对象原有元素的后面。push 方法的 length 属性为 1。

参数:item1 等,将被添加到数组对象中的元素。

返回:添加元素后数组的大小。

实例:

```
x = new Array(1,"abc",3);
y = x.push (4,5,6);
// 此时的 y 的数组元素为:1,"abc",3,4,5,6
```

10. reverse( )

功能:将数组对象中的元素进行反序排列。

返回:本对象的引用。

实例:

```
x = new Array(1,"abc",3);
y = x.reverse( );
// 此时的 y 的数组元素为:3,"abc",1
```

11. shift( )

功能:删除数组对象的第一个元素,并返回此元素。

返回:被删除的第一个元素。如果调用本方法前数组对象中没有元素的话,返回 undefined。

实例:

```
x = new Array(1,"abc",3);
y = x.shift( );
// 此时的 x 的数组元素为:"abc",3,而 y 的值是 1
```

12. slice(start, end)

功能:得到一个新的数组对象,对象中的内容为原对象中的从 start 到 end(不包括 end)的部分元素。如果 start 或者 end 是负数的话,将被转换成 length + start 或者 length + end,其中 length 为数组对象中的元素数目。

参数:

● start,开始元素的下标。

● end,结束元素的下标。

返回:拥有指定元素的新的数组对象。

实例:

```
x = new Array(1,"abc",3,4);
y = x.slice (0,2);
// 此时的 y 的数组元素为:1,"abc",3
```

13. sort( )

功能:对数组对象中的元素进行排序。

返回:本对象的引用。

实例:

```
x = new Array(1,"abc",3,4);
y = x.sort();
//此时的 y 的数组元素为：1,3,4,"abc"
```

14. splice(start, deleteCount[, item1[, iterm2[,…]]])

功能:从 start 所指定的位置开始删除 deleteCount 个元素,在删除的位置开始添加 item1、item2 等参数作为新的元素。splice 方法的 length 属性为 1。

参数:item1 等,可选,将被添加到数组对象中的元素。

返回:被删除的元素所形成的数组。

实例:

```
x = new Array(1,"abc",3,4);
y = x.splice(0,2,"b",8);
//此时的 x 的数组元素为:"b",8,3,4,而 y 的数组元素为:1,"abc"
```

15. unshift([item1[, item2[,…]]])

功能:将参数添加到数组对象中所有元素的前面。unshift 方法的 length 属性为 1。

参数:item1 等,将被添加的元素。

实例:

```
x = new Array(1,"abc",3,4);
x.unshift(0,2,"b");
//此时的 x 的数组元素为:0,2,"b",1,8,3,4
```

16. Array 实例对象属性

length 属性表示数组对象的长度。

实例:

```
x = new Array(1,"abc",3,4);
y = x.length;
//此时的 y 的值是 4
```

17. String 实例对象方法

（1）toString( )

功能:返回字符串形式的值,对 String 而言,toString 方法与 valueOf 方法的结果相同。

返回:字符串形式的值。

实例:

```
x = "123";
y = x.toString();
//此时的 y 的值是字符型 123
```

（2）toString(n)

功能:将 10 进制转换成 n 进制的的值,只适用于数字型数据。

返回:n 进制的值。

实例:

```
x = 2;
y = x.toString(2);
//此时的 y 的值是字符型 10
```

（3）valueOf( )

功能:返回字符串形式的值。

返回:字符串形式的值。

实例:

```
x = "123";
y = x. valueOf ( );
//此时的 y 的值是字符型 123
```

（4）charAt (pos)

功能:返回一个含有 String 对象中 pos 位置的字符。如果 pos 小于 0 或者大于等于 String 对象中字符的数目,则返回空字符串。

参数:pos,字符索引。

返回:含有 pos 位置字符的字符串。

实例:

```
x = "abc";
y = x.charAt(1);
//此时的 y 的值是字符型 b
```

（5）concat([string1[, string2[,…]]])

功能:新建一个 String 对象,对象的内容为原对象的值与各参数的值的联合。concat 方法的 length 属性为 1。

参数:要添加的 String 值。

返回:新建的 String 对象。

实例：

```
x ="abc";
y ="123";
document.write(x.concat(y));
//此时输出是 abc123
```

（6）indexOf(searchString, position)

功能：从 position 指定的索引开始，返回第一次出现 searchString 串的索引。indexOf 方法的 length 属性为 1。

参数：

● searchString，要查找的字符串。

● position，从哪个位置开始查找，默认为 0。

返回：position 后第一个出现 searchString 的索引值，如果对象中不存在 searchString 的话，则返回 −1。

实例：

```
x ="abc";
y ="b";
document.write(x.indexOf(y,0));
//此时输出是 1
```

（7）lastIndexOf(searchString, position)

功能：返回从 position 开始，最后一次出现 searchString 串的索引。

参数：

● searchString，要查找的字符串。

● position，从哪个位置开始查找，默认为 $+\infty$。

返回：position 后最后一次出现 searchString 的索引值，如果对象中不存在 searchString 的话，则返回 −1。

实例：

```
x ="abcbcbc";
y ="b";
document.write(x.lastIndexOf(y, x.length));
//此时输出是 5
```

（8）replace(searchValue, replaceValue)

功能：新建一个 String 对象，对象的值初始化为本对象中所有的 search-Value 都替换成 replaceValue 后得到的字符串。如果 searchValue 具有全局标志 g，那么 replace( )方法将替换所有匹配的子串。否则，它只替换第一个匹配子串。

参数:

● searchValue,要查找的字符串,或者一个正则表达式。

● replaceValue,要替换成的字符串。

返回:新建的 String 对象的引用。

实例:

```
x = "bcbcbc"
document.write(x.replace(/c/g, "9"));
// 此时输出是 b9b9b9
x = "bcbcbc"
document.write(x.replace("c", "9"));
// 此时输出是 b9bcbc
```

(9) search(regexp)

功能:在本对象中查找第一个符合正则表达式的串的位置。

参数:regexp,正则表达式。

返回:第一个符合正则表达式的串的位置。

实例:

```
x = "bcbcbc";
document.write(x. search ("c"));
// 此时输出是 1
```

(10) slice(start,end)

功能:得到一个新的 String 对象,对象中的内容为原对象中的从 start 到 end(不包括 end)的部分元素。如果 start 或者 end 是负数的话,将被转换成 length + start 或者 length + end,其中 length 为数组对象中的元素数目。slice 方法的 length 属性为 2。

参数:

● start,开始元素的下标。

● end,结束元素的下标。

返回:拥有指定元素的新的 String 对象。

实例:

```
x = "bcbcbc";
document.write(x. slice(1,3));
// 此时输出是 cb
```

（11）split（separator，limit）

功能：根据 separator 所指定的正则表达式将源字符串进行拆分。split 方法的 length 属性的值为 2。

参数：

● separator，进行拆分依据的正则表达式或者可以转换成正则表达式的对象。

● limit，可选项。该值用来限制返回数组中的元素个数。

返回：一个保存了所有拆分后的值的数组。

实例：

```
x ="bcbcbc"
document.write(x.split("c",2));
// 此时输出是 b,b,
x ="bcbcbc"
document.write(x.split("c"));
// 此时输出是 b,b,b,
```

（12）substring（start，end）

功能：返回本对象的字符串值中从 start 到 end 间的子串。substring 方法的 length 属性为 2。

参数：

● start，子串在源字符串的开始位置。

● end，子串在源字符串的结束位置。

返回：生成的子串或者空串。

实例：

```
x ="abcd";
document.write(x.substring(1,2));
// 此时输出是 b,
```

（13）toLowerCase（）

功能：新建一个 String 对象，对象中的值为源串中各字符转换成小写后生成的字符。转换依据 Unicode 值进行。

返回：新建的 String 对象。

实例：

```
x ="ABCD";
document.write(x.toLowerCase ());
// 此时输出是 abcd
```

（14）toUpperCase( )

功能:新建一个 String 对象,对象中的值为源串中各字符转换成大写后生成的字符。转换依据 Unicode 值进行。

返回:新建的 String 对象。

实例:

```
x = "abcd"
document.write(x.toLowerCase());
//此时输出是 ABCD
```

18. Number 构造函数

（1）New Number([value])

功能:返回一个数字值。如果 value 不存在的话,就将新建对象的初始化为 value。

参数:value,一个 JavaScript 对象或者值。

返回:value 所对应的数字值,如果 value 不存在或者不能转换为数字,则返回 +0。

（2）Number 构造函数的属性

① prototype 属性

prototype 属性的值初始为 Number 原型对象。

② MAX _VALUE 属性

数字类型的最大正数值,本属性具有{DontEnum, DontDelete, ReadOnly}。

③ MIN_ VALUE 属性

数字类型的最小正数值,本属性具有{DontEnum, DontDelete, ReadOnly}。

④ NaN 属性

NaN 属性的初始值为 NaN,本属性具有{DontEnum, DontDelete, ReadOnly}。

⑤ NEGATIVE _INFINITY 属性

NEGATIVE_INFINITY 属性的初始值为 $-\infty$,本属性具有{DontEnum, DontDelete, ReadOnly}。

⑥ POSITIVE _INFINITY 属性

POSITIVE _INFINITY 属性的初始值为 $+\infty$,本属性具有{DontEnum, DontDelete, ReadOnly}。

（3）Number 实例方法

① toString(radix)

功能:将本对象的值转换成指定基数的字符串表示。

参数:radix,指定的基数。

返回:字符串表示。

异常:TypeError——如果 this 值不是 Number 对象。

② toLocaleString( )

功能:返回一个地区相关的字符串表示。

返回:地区相关的字符串表示。

③ valueOf( )

功能:返回数字值。

返回:数字值。

异常:TypeError——如果 this 值不是 Number 对象。

④ toFixed(fractionDigits)

功能:返回一个本对象的定点表示字符串,小数点后将有 fractionDigits 个小数。toFixed 方法的 length 属性值为 1。

参数:fractionDigits,小数点后要有多少个小数。

返回:定点表示字符串。

实例:

```
x = 3.123;
document.write(x.toFixed(2));
// 此时输出是 3.12
```

⑤ toExponential(fractionDigits)

功能:返回一个本对象的浮点表示字符串,有效位后将有 fractionDigits 个小数。

参数:fractionDigits,有效位后将有多少个小数。

返回:浮点表示字符串。

⑥ toPrecision(precision)

功能:返回本对象的数字值的准确表示字符串。

参数:precision,有效位后将有多少个小数。

返回:本对象的数字值的准确表示字符串。

实例:

```
x = 3.123;
document.write(x.toFixed(2));
// 此时输出是 3.1
```

19. Date 构造函数

（1）new Date(year, month[, date[, minutes[, seconds[, ms]]]])

功能：使用指定的时间值新建一个 Date 对象。

参数：

● year，年数。

● month，月份。

● date，日期值。

● minutes，分钟数。

● seconds，秒数。

● ms，毫秒数。

返回：新建的 Date 对象引用。

实例：

```
x = new Date("2012","0");
document.write(x.toString());
//此时输出是 Sun Jan 1 00:00:00 UTC +0800 2012
```

（2）newDate()

功能：新建一个表示当前时间的 Date 对象。新建对象的 Prototype 属性为 Date. prototype。新建对象的 Class 属性为"Date"。新建对象的 Value 属性为当前的 UTC 时间。

返回：新建的 Date 对象引用。

实例：

```
x = new Date();
document.write(x.toString());
//此时输出是 Tue Sep 2 21:52:10 UTC +0800 2014
```

（3）Date 实例对象方法

① toString()

功能：返回一个用于表示本对象所指定的时间的字符串。字符串的格式由实现决定。

返回：一个用于表示本对象时间的字符串。

② toDateString()

功能：返回一个用于表示本对象所指定的日期的字符串。字符串的格式由实现决定。

返回：一个用于表示本对象所指定的日期的字符串。

实例:

```
x = new Date();
document.write(x.toDateString());
// 此时输出是 Tue Sep 2 2014
```

③ toTimeString( )

功能:返回一个用于表示本对象所指定的时刻的字符串。字符串的格式由实现决定。

返回:一个用于表示本对象所指定的时刻的字符串。

实例:

```
x = new Date();
document.write(x.toTimeString());
// 此时输出是 22:08:37 UTC +0800
```

④ toLocaleString( )

功能:返回一个用于表示本对象所指定的时间的字符串。字符串的格式由实现决定,但是格式要以地区相关的表示格式来定。

返回:一个用于表示本对象所指定的时间的字符串。

实例:

```
x = new Date();
document.write(x.toLocaleString());
// 此时输出是 2014 年 9 月 2 日 22:09:47
```

⑤ toLocaleDateString( )

功能:返回一个用于表示本对象所指定的日期的字符串。字符串的格式由实现决定,但是格式要以地区相关的表示格式来定。

返回:一个用于表示本对象所指定的日期的字符串。

实例:

```
x = new Date();
document.write(x.toLocaleDateString());
// 此时输出是 2014 年 9 月 2 日
```

⑥ toLocaleTimeString( )

功能:返回一个用于表示本对象所指定的时刻的字符串。字符串的格式由实现决定,但是格式要以地区相关的表示格式来定。

返回:一个用于表示本对象所指定的时刻的字符串。

实例:

```
x = new Date();
```

```
document.write(x.toLocaleTimeString());
//此时输出是22:11:27
```

⑦ valueOf( )

功能:返回本对象表示的时间的数字值。

返回:本对象表示的时间的数字值。

实例:

```
x = new Date();
document.write(x.valueOf());
//此时输出是1409667268039
```

⑧ getTime( )

功能:返回本对象表示的时刻的数字值。

返回:本对象表示的时刻的数字值。

实例:

```
x = new Date();
document.write(x.getTime());
//此时输出是1409667297664(这里是毫秒)
```

⑨ getFullYear( )

功能:返回本对象表示的时间的年数。

返回:本对象表示的时间的年数。如果本对象不包含有效的日期,则返回 NaN。

实例:

```
x = new Date();
document.write(x.getFullYear());
//此时输出是2014
```

⑩ getUTCFullYear( )

功能:返回本对象表示的时间的年数。

返回:本对象表示的通用时间的年数。若本对象不包含有效的日期,则返回 NaN。

实例:

```
x = new Date();
document.write(x.getUTCFullYear());
//此时输出是2014
```

⑪ getMonth( )

功能:返回本对象表示的时间的月份数。

返回:本对象表示的时间的月份数。如果本对象不包含有效的日期,返回 NaN。

实例:

```
x = new Date();
document.write(x. getMonth ());
//此时输出是8
```

⑫ getUTCMonth( )

功能:返回本对象表示的时间的月份数。

返回:本对象表示的通用时间的月份数。如果本对象不包含有效的日期,返回 NaN。

实例:

```
x = new Date();
document.write(x. getUTCMonth ());
//此时输出是8
```

⑬ getDate( )

功能:返回本对象表示的时间的日期值。

返回:本对象表示的时间的日期值。如果本对象不包含有效的日期,返回 NaN。

实例:

```
x = new Date();
document.write(x. getDate ());
//此时输出是2
```

⑭ getUTCDate( )

功能:返回本对象表示的时间的日期数。

返回:本对象表示的通用时间的日期数。如果本对象不包含有效的日期,返回 NaN。

实例:

```
x = new Date();
document.write(x. getUTCDate ());
//此时输出是2
```

⑮ getDay( )

功能:返回本对象表示的时间的天数。

返回:本对象表示的时间的天数。如果本对象不包含有效的日期,返回 NaN。

实例:

```
x = new Date();
document.write(x.getDay ());
//此时输出是 2
```

⑯ getUTCDay( )

功能:返回本对象表示的时间的天数。

返回:本对象表示的通用时间的天数。如果本对象不包含有效的日期,返回 NaN。

实例:

```
x = new Date();
document.write(x.getUTCDay ());
//此时输出是 2
```

⑰ getHours( )

功能:返回本对象表示的时间的小时数。

返回:本对象表示的时间的小时数。如果本对象不包含有效的日期,返回 NaN。

实例:

```
x = new Date();
document.write(x.getHours ());
//此时输出是 22
```

⑱ getUTCHours( )

功能:返回本对象表示的时间的小时数。

返回:本对象表示的通用时间的小时数。如果本对象不包含有效的日期,返回 NaN。

实例:

```
x = new Date();
document.write(x.getUTCHours ());
//此时输出是 14
```

⑲ getMinutes( )

功能:返回本对象表示的时间的分钟数。

返回:本对象表示的时间的分钟数。如果本对象不包含有效的日期,返回 NaN。

实例:

```
x = new Date();
```

```
document.write(x.getMinutes ());
// 此时输出是 22
```

⑳ getUTCMinutes( )

功能:返回本对象表示的时间的分钟数。

返回:本对象表示的通用时间的分钟数。如果本对象不包含有效的日期,返回 NaN。

实例:

```
x = new Date();
document.write(x.getUTCMinutes ());
// 此时输出是 22
```

㉑ getSeconds( )

功能:返回本对象表示的时间的秒数。

返回:本对象表示的时间的秒数。如果本对象不包含有效的日期,返回 NaN。

实例:

```
x = new Date();
document.write(x.getSeconds ());
// 此时输出是 22
```

㉒ getUTCSeconds( )

功能:返回本对象表示的时间的秒数。

返回:本对象表示的通用时间的秒数。如果本对象不包含有效的日期,返回 NaN。

实例:

```
x = new Date();
document.write(x.getUTCSeconds ());
// 此时输出是 22
```

㉓ getMilliseconds( )

功能:返回本对象表示的时间的毫秒数。

返回:本对象表示的时间的毫秒数。如果本对象不包含有效的日期,返回 NaN。

实例:

```
x = new Date();
document.write(x.getMilliseconds ());
// 此时输出是 22
```

㉔ getUTCMilliseconds( )

功能:返回本对象表示的时间的毫秒数。

返回:本对象表示的通用时间的毫秒数。如果本对象不包含有效的日期,返回 NaN。

实例:

```
x = new Date( );
document.write(x.getUTCMilliseconds( ));
//此时输出是 252
```

㉕ getTimezoneOffset( )

功能:返回本对象表示的时间与 UTC 时间相差的分钟数。

返回:本对象表示的时间与 UTC 时间相差的分钟数。如果本对象不包含有效的日期,则返回 NaN。

实例:

```
x = new Date( );
document.write(x.getTimezoneOffset ( ));
//此时输出是 -480
```

㉖ setTime(time)

功能:设置本对象的时间值为 time。

参数:time,目标时间值。

返回:调用本方法后对象的时间值。

实例:

```
x = new Date( );
x.setTime(77771564221);//这里是毫秒
document.write(x.getTime( ));
//此时输出是 77771564221
```

㉗ setMilliseconds(ms)

功能:将本对象表示的时间转换成本地区的时间,并设置本对象的毫秒值为 ms。

参数:ms,目标毫秒值。

返回:调用本方法后对象的时间值。

实例:

```
x = new Date( );
x.setMilliseconds (77771564221);//这里是毫秒
document.write(x.getTime( ));
```

```
//此时输出是1487473274221
```

㉘ setUTCMilliseconds(ms)

功能:设置本对象的毫秒值为 ms。

参数:ms,目标毫秒值。

返回:调用本方法后对象的时间值。

实例:

```
x = new Date();
x.setUTCMilliseconds (77771564221);//这里是毫秒
document.write(x.getTime());
 //此时输出是1487473398221
```

㉙ setSeconds(sec[, ms])

功能:将本对象表示的时间转换成本地区的时间,并设置本对象的秒值为 sec,毫秒值为 ms。setSeconds 方法的 length 属性值为 2。

参数:

● sec,目标秒值。

● ms,目标毫秒值。默认为 getMilliseconds()。

返回:调用本方法后对象的时间值。

实例:

```
x = new Date();
x.setSeconds(3,77771564221);
document.write(x.getTime());
 //此时输出是1487473427221
```

㉚ setUTCSeconds(sec[, ms])

功能:设置本对象的秒值为 scc,毫秒值为 ms。

参数:

● sec,目标秒值。

● ms,目标毫秒值。默认为 getMilliseconds()。

返回:调用本方法后对象的时间值。

实例:

```
x = new Date();
x.setUTCSeconds(3,77771564221);
document.write(x.getTime());
 //此时输出是1487473427221
```

㉛ setMinutes(min[, sec[, ms]])

功能:将本对象表示的时间转换成本地区的时间,并设置本对象的分钟数为 min,秒值为 sec,毫秒值为 ms。setMinutes 方法的 length 属性值为3。

参数:

● min,目标分钟数。

● sec,目标秒值,默认为 getSeconds( )。

● ms,目标毫秒值,默认为 getMilliseconds( )。

返回:调用本方法后对象的时间值。

实例:

```
x = new Date( );
x. setMinutes(2,3,77771564221);
document.write(x.getTime( ));
  //此时输出是1487470487221
```

㉜ setUTCMinutes(min[, sec[, ms]])

功能:设置本对象的分钟数为 min,秒值为 sec,毫秒值为 ms。setUTCMinutes 方法的 length 属性值为3。

参数:

● min,目标分钟数。

● sec,目标秒值,默认为 getSecondsO。

● ms,目标毫秒值,默认为 getMilliseconds( )。

返回:调用本方法后对象的通用时间值。

实例:

```
x = new Date( );
x. setUTCMinutes(2,3,77771564221);
document.write(x.getTime( ));
  //此时输出是1487470487221
```

㉝ setHours(hour[, min[, sec[, ms]]])

功能:将本对象表示的时间转换成本地区的时间,并设置本对象的小时数为 hour,分钟数为 min,秒值为 sec,毫秒值为 ms。

setHours 方法的 length 属性值为4。

参数:

● hour,目标小时数。

● min,目标分钟数,默认为 getMinutes( )。

● sec,目标秒值,默认为 getSeconds( )。

● ms,目标毫秒值,默认为 getMilliseconds( )。

返回:调用本方法后对象的时间值。

实例:

```
x = new Date( );
x.setHours(4,2,3,77771564221);
document.write(x.getTime( ));
//此时输出是 1487459687221
```

㉞ setUTCHours(hour[, min[, sec[, ms]]])

功能:设置本对象的小时数为 hour,分钟数为 min,秒值为 sec,毫秒值为 ms。

setUTCHours 方法的 length 属性值为 4。

参数:

● hour,目标小时数。

● min,目标分钟数,默认为 getMinutes( )。

● sec,目标秒值,默认为 getSeconds( )。

● ms,目标毫秒值,默认为 getMilliseconds( )。

返回:调用本方法后对象的通用时间值。

实例:

```
x = new Date( );
x.setUTCHours(4,2,3,77771564221);
document.write(x.getTime( ));
//此时输出是 1487402087221
```

㉟ setDate(date)

功能:将本对象表示的时间转换成本地区的时间,并设置本对象的天数为 date。

参数:date,目标天数。

返回:调用本方法后对象的时间值。

实例:

```
x = new Date( );
document.write(x.getTime( ));
//此时输出是 2014 年 9 月 3 日 8:09:03
x. setDate (15);
document.write(x.getTime( ));
```

```
// 此时输出是 2014 年 9 月 15 日 8:09:03
```
㊱ setUTCDate(date)

功能:设置本对象的天数为 date。

参数:date,目标天数。

返回:调用本方法后对象的通用时间值。

实例:
```
x = new Date();
document.write(x.getTime());
// 此时输出是 2014 年 9 月 3 日 8:09:03
x. setUTCDate (15);
document.write(x.getTime());
// 此时输出是 2014 年 9 月 15 日 8:09:03
```
㊲ setMonth(month[, date])

功能:将本对象表示的时间转换成本地区的时间,并设置本对象的月份数为 month,天数值为 date。setMonth 方法的 length 属性值为 2。

参数:

● month,目标月份数。

● date,目标天数,默认为 getDay()。

返回:调用本方法后对象的时间值。

实例:
```
x = new Date();
document.write(x.getTime());
// 此时输出是 2014 年 9 月 3 日 8:10:03
x.setMonth(1,15);
document.write(x.getTime());
// 此时输出是 2014 年 2 月 15 日 8:10:03
```
㊳ setUTCMonth(month[, date])

功能:设置本对象的月份数为 month,天数值为 date。setUTCMonth 方法的 length 属性值为 2。

参数:

● month,目标月份数。

● date,目标天数,默认为 getDay()。

返回:调用本方法后对象的通用时间值。

实例：

```
x = new Date();
document.write(x.getTime());
// 此时输出是 2014 年 9 月 3 日 8：10：03
x. setUTCMonth (1,15);
document.write(x.getTime());
// 此时输出是 2014 年 2 月 15 日 8：10：03
```

㊴ setFullYear(year[, month[, date]])

功能：将本对象表示的时间转换成本地区的时间，并设置本对象的年数为 year，月份数为 month，天数值为 date。setFullYear 方法的 length 属性值为 3。

参数：

● year，目标年数。

● month，目标月份数，默认为 getMonth( )。

● date，目标天数，默认为 getDay( )。

返回：调用本方法后对象的时间值。

实例：

```
x = new Date();
document.write(x.getTime());
// 此时输出是 2014 年 9 月 3 日 8：15：38
x.setFullYear(2010,1,15);
document.write(x.getTime());
// 此时输出是 2010 年 2 月 15 日 8：15：38
```

㊵ setUTCFullYear(year[, month[, date]])

功能：设置本对象的年数为 year，月份数为 month，天数值为 date。setFull-Year 方法的 length 属性值为 3。

参数：

● year，目标年数。

● month，目标月份数，默认为 getMonth( )。

● date，目标天数，默认为 getDay( )。

返回：调用本方法后对象的通用时间值。

实例：

```
x = new Date();
document.write(x.getTime());
```

```
// 此时输出是 2014 年 9 月 3 日 8:15:38
x.setUTCFullYear(2010,1,15);
document.write(x.getTime());
// 此时输出是 2010 年 2 月 15 日 8:15:38
```

㊶ toUTCString( )

功能:返回一个可以表示当前通用时间的字符串,字符串的格式由实现决定,但是内容应该是 UTC 时间。

返回:一个可以表示当前通用时间的字符串。

实例:

```
x = new Date();
document.write(x.toUTCString());
// 此时输出是 Wed, 3 Sep 2014 00:17:00 UTC
```